医药卫生管理专业导论系列教材

大数据管理与应用专业导论

汤少梁　主编

东南大学出版社
SOUTHEAST UNIVERSITY PRESS

图书在版编目(CIP)数据

大数据管理与应用专业导论 / 汤少梁主编. — 南京 ： 东南大学出版社，2021.12

(医药卫生管理专业导论系列教材)

ISBN 978-7-5641-9837-4

Ⅰ. ①大… Ⅱ. ①汤… Ⅲ. ①数据处理-高等学校-教材 Ⅳ. ①TP274

中国版本图书馆 CIP 数据核字(2021)第 246010 号

责任编辑:陈潇潇 **责任校对**:子雪莲 **封面设计**:王 玥 **责任印制**:周荣虎

大数据管理与应用专业导论

主　　编 汤少梁
出版发行 东南大学出版社
社　　址 南京四牌楼 2 号 邮编:210096 电话:025-83793330
网　　址 http://www.seupress.com
电子邮件 press@seupress.com
经　　销 全国各地新华书店
印　　刷 南京京新印刷有限公司
开　　本 700 mm×1000 mm 1/16
印　　张 11.5
字　　数 190 千字
版　　次 2021 年 12 月第 1 版
印　　次 2021 年 12 月第 1 次印刷
书　　号 ISBN 978-7-5641-9837-4
定　　价 35.00 元

* 本社图书若有印装质量问题,请直接与营销部调换。电话(传真):025-83791830。

医药卫生管理专业导论系列教材
编写指导委员会

主任委员　田　侃

副主任委员　姚峥嵘　杨　勇

委　　员　（按姓氏笔画排序）

王高玲　田　侃　华　东　汤少梁

孙瑞玲　杨　勇　宋宝香　张　丽

陈　娜　姚峥嵘　钱爱兵　熊季霞

秘　　书　赵明星

《大数据管理与应用专业导论》编写委员会

主　编　汤少梁

副主编　卞琦娟　肖增敏

编　委　（按姓氏笔画排序）

邓　敏　朱　娴　杨　玮　杨　莉

罗　珺　唐　力

序

我国的高等学校分为研究型大学、教学型大学和应用型大学。目前，综合性的院校立足于建设研究型大学，普通高等院校偏向于建设教学型大学，职业技术高校的侧重点在建设应用型大学。传统的本科教育一直注重理论教学，这种教育模式使得学生缺乏实践能力。中医药教育同时兼备了研究、教学与应用的功能，南京中医药大学为了建设一流的中医药大学，将理论性和实践性结合，推出了专业导论系列教材。

本套医药卫生管理专业导论系列教材是我校卫生经济管理学院组织教学科研一线教师精心编写的本科专业课程指导教材。本套教材首次作为各个专业的指导教材，凝结了教师多年的教学经验，从专业角度出发对课程进行全面而系统的概括。

教材着眼于新生专业课程的入门教育，希望专业导论的开展能够使学生对专业学习有一个宏观的把握，更好地了解专业课程设置的背景和目的，了解本专业中的教学要求以及存在的问题，树立正确的专业认知。教材同时对学科的发展脉络进行了梳理，能够对学生今后的学习和就业提供一定的指导和借鉴。

本套教材有如下基本特点：

1. 专业区分明确。本系列教材主要包括公共事业管理专业导论、药事管理专业导论、国际经济与贸易专业导论、大数据管理与应用导论、信息管理与信息系统专业导论、市场营销专业导论、健康服务与管理专业导论等。每本教材严格按照国家教育部专业目录基本要求和学校的专业培养目标编写，更加突出培养人才的专业性趋势，使学生更加具有社会竞争的优势。

2. 注重基础把握。在高等中医药院校中，医学卫生管理类专业属于交叉学科，也属于边缘学科，以往的教材侧重于对专业整体导向的把握，对中医药却少有涉及。本套系列教材结合中医药特色，充分研究论证专业人才的素质要求、学科体系构成，旨在培养适应社会主义新时代和中医药发展需要，同时具备中医药基本理论、基本知识、基本技能的专业人才。

3. 重视能力培养。本系列教材是为了提高学生专业能力而设置的专业导论，在课堂讲授的同时，也设置一定量的练习题，使学生能够更好地挖掘学习资源，提高学生自主学习和探索的能力。同时在一些课程中增加了实际案例，使之更具有趣味性和实用性，以进一步培养学生的专业素养。

4. 适用教学改革。按照高等学校教学改革的要求，专业导论本着精编的原则，切实减轻学生负担。全套教材在精炼文字的同时，更加注重提高内容质量，根据学科特点编写，更加切合学生学习的需要。

当前国内尚未出版针对专业教学的指导教材用书，本套系列教材也算是摸着石头过河的探索，我赞赏我校卫生经济管理学院老师认真负责的态度和锐意创新的精神，欣然应允为本套创新教材作序。

黄桂成

2014 年 9 月(初稿)

2021 年 6 月(二稿)

前　言

我们的世界正处于一个前所未见的大数据时代，数据处理和分析技术的进步，让人们使用海量数据的能力得到了极大的提升。借助大数据，我们可以更好地发现知识，提升能力，创造价值。大数据的开发与应用，为政治、经济、学术等各大领域及健康医疗等各行业都提供了新的发展机遇。大数据既是社会经济的基本生产资料和促进生产力的利器，也是国家创新发展的核心驱动力，被誉为新时代的“石油”。发展普及大数据技术，提高大数据管理与应用能力，提升大数据思维和文化意识，培养大数据人才成为社会发展的必然要求。

大数据管理与应用专业正是基于时代发展需要应运而生的新专业。该专业致力于培养符合国家战略和大数据产业发展需求，掌握管理学基本理论，掌握大数据处理与分析技术的智能化医疗、政务及商业决策领域的高级管理型人才。在实际应用中，该专业人才能够基于行业需求，熟练运用各种数据存储管理技术对数据进行有效管理；能够利用数据挖掘及可视化技术对数据进行分析、架构设计、建模及可视化。“大数据管理与应用专业导论”是大数据管理与应用专业本科生的一门为学生统揽全局、指明方向的重要入门课程，通过这门课程的学习，学生可以对该专业建立全局的认知，包括大数据的相关概念、专业的人才培养目标和能力要求、专业课程体系以及基本的大数据分析框架和应用方法等。

本书共 8 章，内容分别为：

第 1 章　大数据概述，将介绍大数据的背景、简介以及数据科学与大数据技术。

第 2 章　大数据管理与应用专业概述，将介绍专业归属与相关学科、人才培养目标与实现途径、人才的知识结构要求与能力要求。

第 3 章　医药院校大数据管理与应用的专业特色，将介绍管理学与大数据技术及医药和卫生行业的集成优势、大数据理论与大数据应用实践的集成优势等。

第 4 章　大数据采集与存储，将介绍大数据的采集、预处理和存储。

第 5 章　大数据处理与计算，将介绍 Apache Hadoop 和 Apache Spark 两种大数据处理框架。

第 6 章　大数据分析与可视化，将介绍大数据分析的类型、方法、工具和可视化技术等。

第 7 章　大数据应用，将介绍大数据在医疗与健康领域、公共管理领域、金融领域和其他领域的应用。

第 8 章　大数据的安全与未来，将介绍大数据隐私与安全、大数据安全策略与技术及大数据共享。

本书由汤少梁总体策划并负责第一章的编写工作，第二章由卞琦娟编写，第三章由邓敏编写，第四章由肖增敏编写，第五章由杨莉编写，第六章由杨玮和朱娴编写，第七章由罗珺编写，第八章由唐力编写。全书由汤少梁、肖增敏负责统稿。在本书编写过程中，参考了大量资料和国内外专家学者的学术成果，在此对被引用的有关作者们致以诚挚的谢意。

本书适合高等院校大数据管理与应用专业本科生使用，同时也可作为其他专业本科生、教育工作者了解大数据管理与应用专业课程的参考用书。由于编者水平有限，书中难免存在不足之处，敬请全国的同行专家不吝指正，提出宝贵意见，以利于以后更好的改进与完善。

编者
2021 年 9 月 1 日

目 录

第一章 大数据概述

第二章 医药院校大数据管理与应用专业概述

第三章 医学院校大数据管理与应用的专业特色

第四章 大数据采集与存储

第五章　大数据处理与计算

第六章　大数据分析与可视化

第八章　大数据安全与未来

>>>>>>> 第一章

大数据概述

第一节　大数据背景

从文明之初的“结绳记事”，到文字发明后的“文以载道”，再到近现代科学的“数据建模”，数据一直伴随着人类社会的发展变迁，承载了人类基于数据和信息认识世界的努力和取得的巨大进步。然而，直到以电子计算机为代表的现代信息技术出现，为数据处理提供了自动的方法和手段，人类掌握数据、处理数据的能力才实现了质的跃升。信息技术及其在经济社会发展方方面面的应用（即信息化），推动数据（信息）成为继物质、能源之后的又一种重要战略资源。

“大数据”作为一种概念和思潮由计算领域发端，之后逐渐延伸到科学和商业领域。大多数学者认为，“大数据”这一概念最早公开出现于1998年，美国高性能计算公司SGI的首席科学家约翰·马西（John Mashey）在一个国际会议报告中指出：随着数据量的快速增长，必将出现数据难理解、难获取、难处理和难组织等四个难题，并用“big data”（大数据）来描述这一挑战，在计算领域引发思考。2007年，数据库领域的先驱人物吉姆·格雷（Jim Gray）指出大数据将成为人类触摸、理解和逼近现实复杂系统的有效途径，并认为在实验观测、理论推导和计算仿真等三种科学研究范式后，将迎来第四范式——“数据探索”，后来同行学者将其总结为“数据密集型科学发现”，开启了从科研视角审视大数据的热潮。2012 年，牛津大学教授维克托·迈尔-舍恩伯格（Viktor Mayer-Schnberger）在其畅销著作《大数据时代：生活、工作与思维的大变革》（*Big Data：A Revolution that Will Transform How We Live，Work，and Think*）中指出，数据分析将从“随机采样”“精确求解”和“强调因果”的传统模式演变为大数据时代的“全体数据”“近似求解”和“只看关联不问因果”的新模式，从而引发商业应用领域对大数据方法的广泛思考与探讨。

大数据于 2012 年、2013 年达到其宣传高潮，2014 年后概念体系逐渐成形，对其认知亦趋于理性。大数据相关技术、产品、应用和标准不断发展，逐渐形成了由数据资源与 API、开源平台与工具、数据基础设施、数据分析、数据应用等板块构成的大数据生态系统，并持续发展、不断完善，其发展热点呈现了从技术向应用，再向治理的逐渐迁移。经过多年的发展和沉淀，人们对大数据已经形成基本共识：大数据现象源于互联网及其延伸所带来的无处不在的信息技术应用以及信息技术的不断低成本化。大数据泛指无法在可容忍的时间内用传统信息技术和软硬件工具对其进行获取、管理和处理的巨量数据集合，具有海量性、多样性、时效性及可变性等特征，需要可伸缩的计算体系结构以支持其存储、处理和分析。

大数据的价值本质上体现为：提供了一种人类认识复杂系统的新思维和新手段。理论上而言，在足够小的时间和空间尺度上，对现实世界数字化，可以构造一个现实世界的数字虚拟映像，这个映像承载了现实世界的运行规律。在拥有充足的计算能力和高效的数据分析方法的前提下，对这个数字虚拟映像进行深度分析，将有可能理解和发现现实复杂系统的运行行为、状态和规律。应该说大数据为人类提供了全新的思维方式和探知客观规律、改造自然和社会的新手段，这也是大数据引发经济社会变革最根本性的原因。

一、大数据的产生背景

（一）信息科技进步

现代信息技术产业已经拥有70多年的历史，其发展的过程先后经历了几次浪潮。先是20世纪六七十年代的大型机浪潮，此时的计算机体型庞大，计算能力也不高。20世纪80年代以后，随着微电子技术和集成技术的不断发展，计算机各类芯片不断小型化，微型机浪潮兴起，PC成为主流。20世纪末，随着互联网的兴起，网络技术快速发展，由此掀起了网络化浪潮，越来越多的人能够接触到并使用网络。

近几年，随着手机及其他智能设备的兴起，全球网络在线人数激增，我们的生活已经被数字信息所包围，而这些所谓的数字信息就是我们通常所说的"数据"，我们可以称其为大数据浪潮。由此也可看出，智能化设备的不断普及是大数据迅速增长的重要因素。

面对数据爆炸式的增长，存储设备的性能也必须得到相应的提高。美国科学家戈登·摩尔发现了晶体管增长规律的"摩尔定律"。在摩尔定律的指引下，计算机产业会进行周期性的更新换代，表现在计算能力和性能不断提高。同时，以前的低速带宽也已经远远不能满足数据传输的要求，各种高速高频带宽不断投入使用，光纤传输带宽的增长速度甚至超越了存储设备性能的提高速度，被称为"超摩尔定律"。

智能设备的普及、物联网的广泛应用、存储设备性能的提高、网络带宽的不断增长都是信息科技的进步，它们为大数据的产生提供了储存和流通的物质基础。

（二）云计算技术兴起

云计算技术是互联网行业的一项新兴技术，它的出现使互联网行业产生了巨大的变革，我们平常所使用的各种网络云盘就是云计算技术的一种具化表现。云计算技术简单来讲就是使用云端共享的软件、硬件以及各种应用来得到我们想要的操作结果，而操作过程则由专业的云服务团队去完成。通俗一点来说，就像以前喝水需要自己打井、下泵，再通过水泵将水抽上来，而云计算就相当于现在的自来水厂，只要打开开关就有水流出，其他的过程都由厂家来完成，而你只要交费就行。我们通常所说的云端就是“数据中心”，现在国内各大互联网公司、电信运营商、银行乃至政府各部委都建立了各自的数据中心，云计算技术已经在各行各业得到普及，并进一步占据优势地位。

云空间是数据存储的一种新模式，云计算技术将原本分散的数据集中在数据中心，为庞大数据的处理和分析提供了可能，可以说云计算为大数据庞大的数据存储和分散的用户访问提供了必需的空间和途径，是大数据诞生的技术基础。

（三）数据资源化趋势

根据产生的来源，大数据可以分为消费大数据和工业大数据。消费大数据是人们日常生活产生的大众数据，虽然只是人们在互联网上留下的印记，但各大互联网公司早已开始积累和争夺这些数据，谷歌依靠世界上最大的网页数据库充分挖掘数据资产的潜在价值，打破了微软的垄断；Facebook 基于人际关系数据库，推出了 Graph Search 搜索引擎；国内，阿里和京东两家电商平台也打起了数据战，利用数据评估对手的战略动向、促销策略……在工业大数据方面，众多传统制造企业利用大数据成功实现数字转型表明，随着“智能制造”快速普及，工业与互联网深度融合创新，工业大数据技术及应用将成为未来提升制造业生产力、竞争力、创新能力的关键要素。

二、大数据发展历程

（一）萌芽时期（20 世纪 90 年代至 21 世纪初）

“大数据”概念最初起源于美国，早在 1980 年著名未来学家阿尔文·托夫勒所著的《第三次浪潮》书中将“大数据”称为“第三次浪潮的华彩乐章”。20 世纪 90 年代复杂性科学的兴起，不仅给我们提供了复杂性、整体性的思维方式和科学研究方法，还给我们带来了有机的自然观。1997 年，NASA 阿姆斯科研中心的大卫·埃尔斯沃斯和迈克尔·考克斯在研究数据的可视化问题时，首次使用了“大数据”概念。他们坚信信息技术的飞速发展一定会带来数据冗杂的问题，数据处理技术必定会进一步发展。1998 年，一篇名为

《大数据科学的可视化》的文章在美国《自然》杂志上发表,"大数据"正式作为一个专用名词出现。

这一阶段可以看作是大数据发展的萌芽时期,在当时大数据还只是作为一种构想或者假设被极少数的学者进行研究和讨论,其含义也仅限于数据量巨大,并没有更进一步探索有关数据的收集、处理和存储等问题。

(二) 发展时期(21 世纪初至 2010 年)

21 世纪的前十年,互联网行业迎来了飞速发展的时期,IT 技术也不断地推陈出新,大数据最先在互联网行业得到重视。2001 年,麦塔集团(META Group)分析师道格·莱尼提出数据增长的挑战和机遇有三个方向:量(volume,数据量大小)、速(velocity,数据输入输出的速度)、类(variety,数据多样性),合称"3V"。在此基础上,麦肯锡公司增加了价值密度(value),构成"4V"特征。

2005 年大数据实现重大突破,Hadoop 技术诞生,并成为数据分析的主要技术。2007 年,数据密集型科学的出现不仅为科学界提供了全新的研究范式,还为大数据的发展提供了科学上的基础。2008 年,美国《自然》杂志推出了一系列有关大数据的专刊,详细讨论了有关大数据的一系列问题,大数据开始引起人们的关注。2010 年美国信息技术顾问委员会(PITAC)发布了一篇名为《规划数字化未来》的报告,详细叙述了政府工作中对大数据的收集和使用,美国政府已经高度关注大数据的发展。

这一阶段被看作是大数据的发展时期,大数据作为一个新兴名词开始被理论界所关注,其概念和特点得到进一步的丰富,相关的数据处理技术相继出现,大数据开始展现活力。

(三) 兴盛时期(2011 年至今)

2011 年,IBM 公司研制出了沃森超级计算机,以每秒扫描并分析 4 TB 的数据量打破世界纪录,大数据计算自此迈向了一个新的高度。紧接着,麦肯锡发布了题为《海量数据,创新、竞争和提高生成率的下一个新领域》的研究报告,详细介绍了大数据在各个领域中的应用情况,以及大数据的技术架构,提醒各国政府为应对大数据时代的到来,应尽快制定相应的战略。2012 年世界经济论坛在瑞士达沃斯召开,会上讨论了大数据相关的系列问题,发布了名为《大数据,大影响》的报告,向全球正式宣布大数据时代的到来。另外，国内外学术界也针对大数据进行了一系列的研究，《纽约时报》《自然》《人民日报》等科技期刊、大众媒体都推出大篇幅对大数据的应用、现状和趋势进行报道，同时哲学与社会科学界也出现了许多有影响力的著作，像舍恩伯格的《大数据时代》、城田真琴的《大数据冲击》等。

从发展历程来看，大数据总体上可以划分为 3 个重要阶段：萌芽期、发展期和兴盛期（表 1－1）。

表 1－1　大数据发展的 3 个重要阶段

重要阶段	时间	内容
萌芽期	20 世纪 90 年代至 21 世纪初	随着数据挖掘理论和数据库技术的逐步成熟，一批商业智能工具和知识管理技术开始被应用，如数据仓库、专家系统、知识管理系统等
发展期	21 世纪前十年	Web 2.0 应用迅猛发展，非结构化数据大量产生，传统处理方法难以应对，带动了大数据技术的快速突破，大数据解决方案逐渐走向成熟，形成了并行计算与分布式系统两大核心技术，谷歌的 GFS 和 MapReduce 等大数据技术受到追捧，Hadoop 平台开始盛行
兴盛期	2011 年以后	大数据应用渗透各行各业，数据驱动决策，信息社会智能化程度大幅度提高

三、国际上主要国家的大数据发展战略

进入大数据时代，世界各国都非常重视大数据发展。瑞士洛桑国际管理学院 2017 年度《世界数字竞争力排名》显示，各国数字竞争力与其整体竞争力呈现出高度一致的态势，即数字竞争力强的国家，其整体竞争力也很强，同时也更容易产生颠覆性创新。以美国、英国、日本、韩国等为代表的发达国家非常重视大数据在促进经济发展和社会变革、提升国家整体竞争力等方面的重要作用，把发展大数据上升到国家战略的高度（见表 1－2），视大数据为重要的战略资源，大力抢抓大数据技术与产业发展先发优势，积极捍卫本国数据主权，力争在大数据时代占得先机。

表 1－2 国际上主要国家的大数据发展战略

国家	战略
美国	稳步实施“三步走”战略，打造面向未来的大数据创新生态
英国	紧抓大数据产业机遇，应对“脱欧”后的经济挑战
法国	通过发展创新性解决方案并应用于实践来促进大数据发展
韩国	以大数据等技术为核心应对第四次工业革命
日本	开放公共数据，夯实应用开发

为抢占先机，取得大数据领域的国际竞争优势，美、澳、英、法等国率先制定了大数据战略规划，将大数据应用上升为国家战略。

（一）美国

美国是率先将大数据从商业概念上升至国家战略的国家，通过稳步实施“三步走”战略，在大数据技术研发、商业应用以及保障国家安全等方面已全面构筑起全球领先优势。第一步是快速部署大数据核心技术研究，并在部分领域积极开发大数据应用。第二步是调整政策框架与法律规章，积极应对大数据发展带来的隐私保护等问题。第三步是强化数据驱动的体系和能力建设，为提升国家整体竞争力提供长远保障。

2012 年 3 月美国联邦政府推出“大数据研究和发展倡议”，其中对于国家大数据战略的表述如下：“通过收集、处理庞大而复杂的数据信息，从中获得知识和洞见，提升能力，加快科学、工程领域的创新步伐，强化美国国土安全，转变教育和学习模式”。2012 年 3 月 29 日，美国白宫科技政策办公室发布《大数据研究和发展计划》，成立“大数据高级指导小组”。该计划旨在通过对海量和复杂的数字资料进行收集、整理，以增强联邦政府收集海量数据、分析萃取信息的能力，提升对社会经济发展的预测能力。2013 年 11 月，美国信息技术与创新基金会发布了《支持数据驱动型创新的技术与政策》的报告，报告指出，“数据驱动型创新”是一个崭新的命题，其中最主要的包括“大数据”“开放数据”“数据科学”和“云计算”。2014 年 5 月美国发布《大数据：把握机遇，守护价值》白皮书，对美国大数据应用与管理的现状、政策框架和改进建议进行了集中阐述。该白皮书表示，在大数据发挥正面价值的同时，应该警惕大数据应用对隐私、公平等长远价值带来的负面影响。从白皮书所代表的价值判断来看，美国政府更为看重大数据为经济社会发展所带来的创新动力，对于可能与隐私权产生的冲突，则以解决问题的态度来处理。

（二）英国

大数据发展初期，英国在借鉴美国经验和做法的基础上，充分结合本国特点和需求，加大大数据研发投入，强化顶层设计，聚焦部分应用领域进行重点突破。英国政府于 2010 上线政府数据网站 Data. gov. uk，该网站同美国的 Data. gov 平台功能类似，但主要侧重于大数据信息挖掘和获取能力的提升，并以此作为基础，在 2012 年发布了新的政府数字化战略，具体由英国商业创新技能部牵头，成立数据战略委员会，通过大数据开放，为政府、私人部门、第三方组织和个体提供相关服务，吸纳更多技术力量和资金支持协助拓宽数据来源，以推动就业和新兴产业发展，实现大数据驱动的社会经济增长。2013 年英国政府加大了对大数据领域研究的资金支持，提出总额 1. 89 亿英镑的资助计划，包括直接投资 1 000 万英镑建立“开放数据研究所”。近期英国特别重视大数据对经济增长的拉动作用，密集发布《数字战略 2017》《工业战略：建设适应未来的英国》等，希望到 2025 年数字经济对本国经济总量的贡献值可达 2 000 亿英镑，积极应对“脱欧”可能带来的经济增速放缓的挑战。

（三）法国

法国是传统的工业大国和经济强国，在信息化战略的推动下，法国大数据产业也逐步发展起来，已经渗透到社会经济生活的多个领域，影响着人们的生活和工作，甚至于城市管理、公共管理等国家功能的实现都开始受到大数据的影响。

2011 年 7 月，法国启动了开放数据项目，通过实现公共数据在移动终端上的使用，最大限度地挖掘数据的应用价值。项目内容涉及交通、文化、旅游和环境等领域。所有法国公民以及在法国旅游的欧洲公民都可以通过移动终端使用法国的公共数据。

2013 年 12 月，法国政府发布《数字化路线图》，明确了大数据是未来要大力支持的战略性高新技术。法国政府以新兴企业、软件制造商、工程师、信息系统设计师等为目标，开展一系列的投资计划，旨在通过发展创新性解决方案并应用于实践来促进法国在大数据领域的发展。

此外，法国中小企业、创新和数字经济部推出大数据规划，于 2013 年至 2018 年在法国巴黎等地创建大数据孵化器，通过公共私营合作方式投资 3 亿欧元，向数百家大数据初创企业发放启动资金。同时，法国政府也出台了其他战略规划(如《创新 2025 规划》和《新工业法国规划》)，积极支持大数据产业发展。

(四) 韩国

多年来，韩国的智能终端普及率以及移动互联网接入速度一直位居世界前列，这使得其数据产出量也达到了世界先进水平。为了充分利用这一天然优势，韩国很早就制定了大数据发展战略，并力促大数据担当经济增长的引擎。在政府倡导的"创意经济"国家发展方针指导下，韩国多个部门提出了具体的大数据发展计划，包括 2011 年韩国科学技术政策研究院以"构建英特尔综合数据库"为基础的"大数据中心战略"，以及 2012 年韩国国家科学技术委员会制定的大数据未来发展环境战略计划，其中，2012 年由未来创造科学部牵头的"培养大数据、云计算系统相关企业 1 000 个"的国家级大数据发展计划，已经通过《第五次国家信息化基本计划(2013—2017)》等多项具体发展战略落实到生产层面。2016 年年底，韩国发布以大数据等技术为基础的《智能信息社会中长期综合对策》，以积极应对第四次工业革命的挑战。

(五) 日本

2010 年 5 月，日本发达信息通信网络社会推进战略本部发布了以实现国民本位的电子政府、加强地区间的互助关系等为目标的《信息通信技术新战略》。2012 年 6 月，日本 IT 战略本部发布电子政务开放数据战略草案，迈出了政府数据公开的关键性一步。2012 年 7 月，日本政府推出了《面向 2020 年的 ICT 综合战略》，大数据成为发展的重点。2013 年 6 月，日本公布新 IT 战略——创新最尖端 IT 国家宣言，明确了 2013—2020 年期间以发展开放公共数据为核心的日本新 IT 国家战略。在应用当中，日本的大数据战略已经发挥了重要作用，ICT 技术与大数据信息能力的结合对协助解决抗灾救灾和核电事故等公共问题贡献明显。

四、中国大数据领域的“中国方案”

在“大数据浪潮”下，各国都在抢抓大数据发展机遇，加强在该领域的战略部署。作为产生和积累数据量最大、数据类型最丰富的国家之一，中国也积极谋划、精心布局，提出大数据领域的“中国方案”——实施国家大数据战略，加快建设数字中国。大数据已成为中国建设创新型国家、实现经济高质量发展的重要保障。在我国，发展大数据产业也受到高度重视。

2014 年，大数据首次写入政府工作报告，大数据逐渐成为各级政府关注的热点，政府数据开放共享、数据流通与交易、利用大数据保障和改善民生等概念深入人心。此后国家相关部门出台了一系列政策，鼓励大数据产业发展。2015 年 8 月，国务院印发了《促进大数据发展行动纲要》(以下简称为《行动纲要》)。党的十八届五中全会将大数据上升为国家战略。在党的十九大报告中，习近平总书记明确指出：“推动互联网、大数据、人工智能和实体经济深度融合”。2017 年 12 月 8 日，在中共中央政治局第二次集体学习时，习近平总书记发表了“审时度势、精心谋划、超前布局、力争主动，实施国家大数据战略，加快建设数字中国”的讲话，明确提出了“大数据是信息化发展的新阶段”这一重要论断，并指明了推动大数据技术产业创新发展、构建以数据为关键要素的数字经济、运用大数据提升国家治理现代化水平、运用大数据促进保障和改善民生、切实保障国家数据安全等五项工作部署，为我国发展大数据开启了新的篇章。2018 年 4 月 22 日—24 日，首届“数字中国”建设峰会在福建省福州市举行，围绕“以信息化驱动现代化，加快建设数字中国”主题，各省区市网信部门负责人、行业组织负责人、产业界代表、专家学者以及智库代表等约 800 人出席了峰会，就建设网络强国、数字中国、智慧社会等热点议题进行了交流分享。与此同时，中央和地方政府仍在陆续出台各项大数据相关政策措施，为数据强国建设贡献了“政府力量”。

（一）中国大数据产业发展现状

在全球信息化快速发展的大背景下，大数据已成为国家重要的基础性战略资源，正引领新一轮科技创新，推动经济转型发展。紧密围绕数据资源开展的基础设施建设、数据集聚整合、数据分析处理、数据开放共享和数据安全，铸就了大数据产业发展的核心要素。这些要素所构筑的“内层齿轮”的转动直接带动了“外层齿轮”——大数据融合应用的蓬勃发展，衍生出政府大数据、互联网大数据、健康医疗大数据、金融大数据、电信大数据和工业大数据等热点场景，持续驱动经济增长和转型升级，如图 1-1 所示。

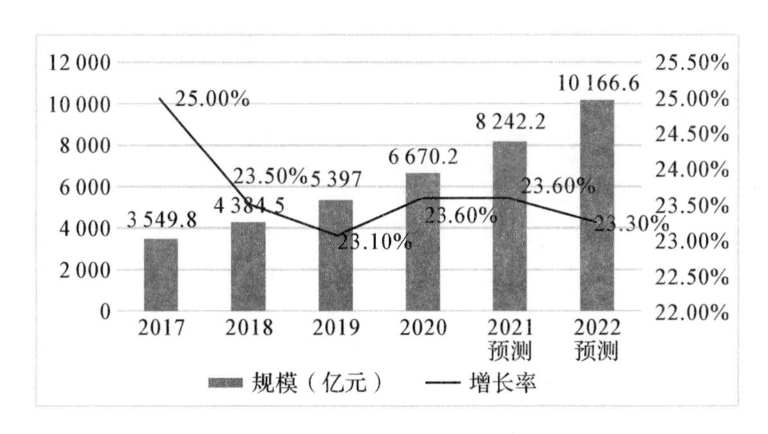

图 1-1 2017—2022 年中国大数据产业规模及预测

数据来源：2020 大数据产业生态联盟问卷调研，赛迪顾问整理，2020 年 8 月

中国大数据产业发展受宏观政策环境、技术进步与升级、数字应用普及渗透等众多利好因素的影响，市场需求和相关技术进步成为大数据产业持续高速增长的最主要动力，2019 年中国大数据产业规模达 5 386.2 亿元，同比增长 22.8%。随着“互联网+”的不断深入推进以及数字技术的不断成熟，大数据的应用和服务持续深化，与此同时，市场对大数据基础设施的需求也在持续增长。随着 5G 和物联网的发展，业界对更为高效、绿色的数据中心和云计算基础设施的需求越来越大，大数据基础层持续保持高速增长，2020 年整体规模达 6 388 亿元，预计到 2023 年将突破万亿元，持续促进传统产业转型升级，激发经济增长活力，助力新型智慧城市和数字经济建设，如图 1-2 所示。

2020 年初，新冠肺炎疫情爆发，给我国带来了社会经济挑战，大数据企业同样面临多重困难：一是企业营收受疫情影响可能大幅下降，二是在租金、工资、税费等综合成本方面压力增加，三是线上办公、远程办公等办公方式对企业自身数字化水平是一个巨大的考验。根据 2020 大数据产业生态联

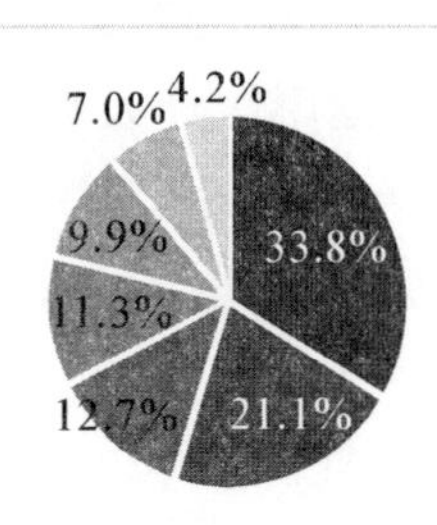

图 1-2 2020 年上半年新冠肺炎疫情对企业营业收入的影响情况

数据来源：2020 大数据产业生态联盟问卷调研，赛迪顾问整理，2020 年 8 月

盟调研数据分析，2020 年上半年，受疫情影响，33.8%的大数据企业收入与 2019 年同期持平，32.4%的企业收入下降 20%以内，19.7%的企业收入相比同期有所提高。从结果上来看，数字化程度低的企业对线下实体空间依存度较高，受疫情影响较大；数字化程度高的企业受疫情冲击影响相对小，部分企业在疫情推动下得到更快发展。

从疫情后大数据细分领域未来机会点与业务预测方面来看，随着大数据技术与人工智能、物联网、5G 等新一代信息技术深度融合，大数据在政务、应急管理、交通运输、健康医疗、社会保障等领域应用场景不断丰富。2020 年，抗击新冠肺炎疫情是对国家治理体系和治理能力的一次大考，整体性社会动员机制、织密的社会治理网络与现代化的网络技术正在发挥积极作用。但同时，此次疫情也暴露出社会治理存在的问题，给社会治理体系带来了重大挑战。加强和创新社会治理，推动社会治理重心下移成为关注的焦点。根据 2020 大数据产业生态联盟调研数据分析，2020 年，社会治理（安防、舆情、应急管理、信用、环境监测、交通、能源、城市管理等）、政务、软件与信息服务三个大数据细分领域最被大数据企业看好，未来机遇点多，受企业关注度高，如图 1-3。

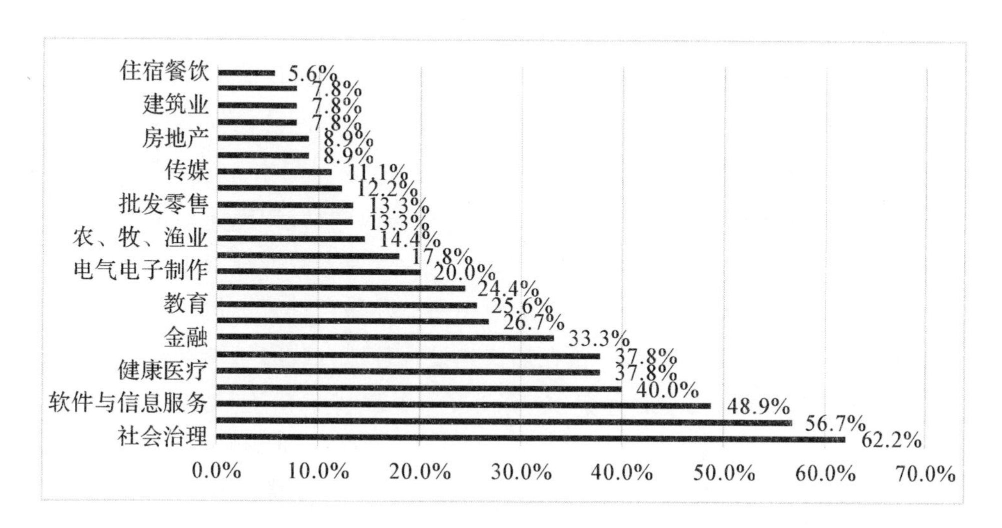

图 1－3 疫情后大数据企业关注的细分领域统计

数据来源：2020 大数据产业生态联盟问卷调研，赛迪顾问整理，2020 年 8 月

（二）我国大数据发展遇到的困境

回顾过去几年的发展，我国大数据发展可总结为："进步长足，基础渐厚；喧嚣已逝，理性回归；成果丰硕，短板仍在；势头强劲，前景光明"。

作为人口大国和制造大国，我国数据产生能力巨大，大数据资源极为丰富。随着数字中国建设的推进，各行业的数据资源采集、应用能力不断提升，将会导致更快更多的数据积累。

我国互联网大数据领域发展态势良好，市场化程度较高，一些互联网公司建成了具有国际领先水平的大数据存储与处理平台，并在移动支付、网络征信、电子商务等应用领域取得国际先进甚至领先的重要进展。然而，大数据与实体经济融合还远不够，行业大数据应用的广度和深度明显不足，生态系统亟待形成和发展。

我国已经具备加快技术创新的良好基础。在科研投入方面，前期通过国家科技计划在大规模集群计算、服务器、处理器芯片、基础软件等方面系统性部署了研发任务，成绩斐然。"十三五"期间在国家重点研发计划中实施了"云计算和大数据"重点专项。当前科技创新 2030 大数据重大项目正在紧锣密鼓地筹划、部署中。我国在大数据内存计算、协处理芯片、分析方法等方面突破了一些关键技术，特别是打破“信息孤岛”的数据互操作技术和互联网大数据应用技术已处于国际领先水平；在大数据存储、处理方面，研发了一些重要产品，有效支撑了大数据应用；国内互联网公司推出的大数据平台和服务，处理能力跻身世界前列。

国家大数据战略实施以来，地方政府纷纷响应联动、积极谋划布局。国家发改委组织建设11个国家大数据工程实验室，为大数据领域相关技术创新提供支撑和服务。发改委、工信部、中央网信办联合批复贵州、上海、京津冀、珠三角等8个综合试验区，正在加快建设。各地方政府纷纷出台促进大数据发展的指导政策、发展方案、专项政策和规章制度等，使大数据发展呈蓬勃之势。

然而，我们也必须清醒地认识到我国在大数据方面仍存在一系列亟待补上的短板。

一是大数据治理体系尚待构建。首先，法律法规滞后。目前，我国尚无真正意义上的数据管理法规，只在少数相关法律条文中有涉及数据管理、数据安全等规范的内容，难以满足快速增长的数据管理需求。其次，共享开放程度低。推动数据资源共享开放将有利于打通不同部门和系统的壁垒，促进数据流转，形成覆盖全面的大数据资源，为大数据分析应用奠定基础。我国政府机构和公共部门已经掌握巨大的数据资源，但存在“不愿”“不敢”和“不会”共享开放的问题。例如：在“最多跑一次”改革中，由于技术人员缺乏，政务业务流程优化不足，涉及部门多、链条长，长期以来多头管理、各自为政等问题，导致很多地区、乡镇的综合性窗口难建立，数据难流动，业务系统难协调。同时，由于办事流程不规范，网上办事大厅指南五花八门，以至于同一个县市办理同一项事件，需要的材料、需要集成的数据在各乡镇的政务审批系统里却各有不同，造成群众不能一次性获得准确的相关信息而需要“跑多次”。当前，我国的政务数据共享开放进程，相对于《行动纲要》明确的时间节点已明显落后，且数据质量堪忧。不少地方的政务数据开放平台仍然存在标准不统一、数据不完整、不好用甚至不可用等问题。政务数据共享开放意义重大，仍需要坚持不懈地持续推进。此外，在数据共享与开放的实施过程中，各地还存在片面强调数据物理集中的“一刀切”现象，对已有信息化建设投资保护不足，造成新的浪费。再次，安全隐患增多。近年来，数据安全和隐私数据泄露事件频发，凸显大数据发展面临的严峻挑战。在大数据环境下，数据在采集、存储、跨境跨系统流转、利用、交易和销毁等环节的全生命周期过程中，所有权与管理权分离，真假难辨，多系统、多环节的信息隐性留存，导致数据跨境跨系统流转追踪难、控制难，数据确权和可信销毁也更加困难。

二是核心技术薄弱。基础理论与核心技术的落后导致我国信息技术长期存在"空心化"和"低端化"问题，大数据时代需避免此问题在新一轮发展中再次出现。近年来，我国在大数据应用领域取得较大进展，但是基础理论、核心器件和算法、软件等层面，较之美国等技术发达国家仍明显落后。在大数据管理、处理系统与工具方面，我国主要依赖国外开源社区的开源软件，然而，我国对国际开源社区的影响力较弱，导致对大数据技术生态缺乏自主可控能力，这成为制约我国大数据产业发展和国际化运营的重大隐患。

三是融合应用有待深化。我国大数据与实体经济融合不够深入，主要问题表现在：基础设施配置不到位，数据采集难度大；缺乏有效引导与支撑，实体经济数字化转型缓慢；缺乏自主可控的数据互联共享平台等。当前，工业互联网已然成为互联网发展的新领域，但仍存在不少问题：政府热、企业冷，政府时有"项目式""运动式"推进，而企业由于没看到直接、快捷的好处，接受度低；设备设施的数字化率和联网率偏低；大多数大企业仍然倾向打造难以与外部系统交互数据的封闭系统，而众多中小企业数字化转型的动力和能力严重不足；国外厂商的设备在我国具有垄断地位，这些企业纷纷推出相应的工业互联网平台，抢占工业领域的大数据基础服务市场。

第二节　大数据简介

一、大数据的定义

对于大数据的定义，人们同样有不同的看法。有一部分人从数据宏观处理的角度来看，认为大数据是指任何形式的用传统的软件不能够在有限时间内很好地处理的数据，这个过程包括了获取、存储、共享、转换、分析、可视化等。有的人认为大数据主要是数据的管理，数据的分析，还有数据的可视化。还有些人认为大数据就是数据罢了。

而对于大数据的态度，人们的分歧似乎更大。IT 巨头和各大媒体几乎都对大数据持赞的态度，他们声称，每天都会有大量的数据出现等等，如果使用大数据技术很好地利用这些数据，那么将能够帮助人们生活得更好。而于此恰恰相反的声音是，大数据只是个噱头，只是 IT 巨头炒出来的概念，以此来向客户销售产品，谋取利益；此外，大数据公司疯狂搜集人们的信息也给社会道德等问题带来了一定的挑战。

从计算机科学的角度来说，可以肯定的是，大数据并不是计算机技术层面的概念。查阅相关的文献我们会发现，计算机科学中关于大数据概念的论文少之又少，甚至可以说是没有，由此可知大数据并不是单单一门计算机的技术。个人理解，首先现在的数据确实比以前产生的要快很多，比以前的要多很多，但是大数据并不是在某一天开始剧增，让人们开始担心数据太大的，或者某一技术出来之后才能够处理大数据的。所以对大数据的理解要结合具体的情况，每个人对“大”的概念不一样，那么对大数据理解也就不一样。大数据就是一个制约，如果现在遇到了瓶颈，那么换种技术或者更新一下现有技术也许就能解决这个麻烦，没必要是目前流行的技术，能突破这个瓶颈的就是大数据技术。

大数据(big data)是 IT 行业术语，是指无法在一定时间范围内用常规软件工具进行捕捉、管理和处理的数据集合，在维克托·迈尔-舍恩伯格及肯尼斯·库克耶编写的《大数据时代》中，大数据指不用随机分析法(抽样调查)这样的捷径，而采用所有数据进行分析处理。

大数据(big data)研究机构 Gartner 给出了这样的定义：大数据是需要新处理模式才能具有更强的决策力、洞察发现力和流程优化能力来适应海量、高增长率和多样化的信息资产。

因此大数据主要有以下三种定义：

定义 1　(Kusnetzky, D. *What is “Big Data”?*)

所涉及的数据量规模巨大到无法通过人工，在合理时间内截取、管理、处理、并整理成人类所能解读的信息。

定义 2　(维克托·迈尔-舍恩伯格、肯尼斯·库克　《大数据时代》)

不用随机分析法(抽样调查)这样的捷径,而采用所有数据进行分析处理的方法。

定义 3　(大数据研究机构 Gartner)

大数据是需要新处理模式才能具有更强的决策力、洞察发现力和流程优化能力的海量、高增长率的信息资产。

综上所述,大数据并不是一个新的概念,数据自始至终都很大,人们一直都想处理大数据,也掌握了一定的处理大数据的技术,现今的大数据热只是这些技术的普及而已,就像手机开始热卖之前,人们已经掌握了无线通信的技术。

二、大数据的特点

大数据分析相比于传统的数据仓库应用,具有数据量大、查询分析复杂等特点。维克托·迈尔-舍恩伯格及肯尼斯·库克编写的《大数据时代》中提到了大数据的 4 个特征,业界将其归纳为 4 个“V”——volume(数据体量大)、variety(数据类型繁多)、velocity(处理速度快)、value(价值密度低)。

(一) 大量

大数据的特征首先就体现为“大”。先 Map 3 时代,一个小小的 MB 级别的 Map 3 就可以满足很多人的需求,然而随着时间的推移,存储单位从过去的 GB 到 TB,乃至现在的 PB、EB 级别。只有数据体量达到了 PB 级别以上,才能被称为大数据。

1 PB 等于 1 024 TB,1 TB 等于 1 024 G,那么 1 PB 等于 1 024×1 024 G 的数据。随着信息技术的高速发展,数据开始爆发性增长。社交网络(微博、Twitter、Facebook)、移动网络、各种智能工具,服务工具等,都成为数据的来源。

淘宝网近 4 亿的会员每天产生的商品交易数据约 20 TB;Facebook 约 10 亿的用户,每天产生的日志数据超过 300 TB。迫切需要智能的算法、强大的数据处理平台和新的数据处理技术来统计、分析、预测和实时处理如此大规模的数据。

（二）高速

就是通过算法对数据的逻辑处理速度非常快，可从各种类型的数据中快速获得高价值的信息。大数据有一个著名的“1 秒定律”，这一点也和传统的数据挖掘技术有着本质的不同。

大数据的产生非常迅速，主要通过互联网传输。生活中每个人都离不开互联网，也就是说每个人每天都在向大数据提供大量的资料。并且这些数据是需要及时处理的，因为花费大量成本去存储作用较小的历史数据是非常不划算的，对于一个平台而言，也许保存的数据只有过去几天或者一个月之内的，再早的数据就要及时清理，不然代价太大。

基于这种情况，大数据对处理速度有非常严格的要求，服务器中大量的资源都用于处理和计算数据，很多平台都需要做到实时分析。数据无时无刻不在产生，谁的速度更快，谁就有优势。

（三）多样

如果只有单一的数据，那么这些数据就没有了价值，比如只有单一的个人数据，或者单一的用户提交数据，这些数据还不能称为大数据。

广泛的数据来源决定了大数据形式的多样性。比如当前的上网用户中，每个人年龄、学历、爱好、性格等等的特征都不一样，这个也就是大数据的多样性。

当然了，如果扩展到全国，那么数据的多样性会更高，每个地区、每个时间段都会存在各种各样的数据多样性，任何形式的数据都可以产生作用。目前应用最广泛的就是推荐系统，如淘宝、网易云音乐、今日头条等，这些平台都会通过对用户的日志数据进行分析，从而进一步推荐用户喜欢的东西。日志数据是结构化明显的数据，还有一些数据结构化不明显，例如图片、音频、视频等，这些数据因果关系弱，就需要人工对其进行标注。

（四）价值

这也是大数据的核心特征。相比于传统的小数据，大数据最大的价值在于从大量不相关的各种类型的数据中挖掘出对未来趋势与模式预测分析有价值的数据，并通过机器学习方法、人工智能方法或数据挖掘方法深度分析，发现新规律和新知识。

如果有 1 PB 以上的全国所有 20～35 岁年轻人的上网数据，那么它自然就有了商业价值，比如通过分析这些数据，我们就知道这些人的爱好，进而指导产品的发展方向等等。如果有了全国几百万病人的数据，根据这些数据进行分析就能预测疾病的发生。这些都是大数据的价值。大数据运用十分广泛，如运用于农业、金融、医疗等各个领域，从而最终达到改善社会治理、提高生产效率、推进科学研究的效果。

三、大数据的影响

我们已经了解了大数据的定义和特点，那么大数据会给我们的生活带来了哪些便利与好处呢？

（一）节约时间，更有效率

先看看我们身边经常用到的一些服务，比如我们经常用到的快递、外卖和共享单车，这些 App 的后台都有一份“大数据”。快递后台会根据数百亿历史地址去做预测，用大数据算法来做智能分单取代原来的人工分单，可以最大程度地优化路线，降低人工配单时间，还能减少错误操作，节省人力成本。快递只是整个物流领域里露出的一角，大数据技术可以协助全部环节进行物流供给与需求匹配，优化资源配给，另外，根据消费者习惯偏好，大数据可提前预测消费者需求，将商品物流环境和客户的需求同步，提前计算出运输路线和配送路线，缓解物流压力，提高用户满意度。

需求匹配这一点非常重要，就近收取和派送快递、就近送餐、就近扫描二维码解锁共享单车节省了我们盲目地一个一个去找的时间，其实也让提供生活服务的人节约工作时间，让工作更加有效率。当然，这对企业而言，也意味更少的意外和更低的人力成本。

（二）让人们更容易借到钱，让“老赖”无处遁形

对于普通人来说，开通信用卡需要提供收入、学历等证明；在农村，向信用社借钱也需要提供可抵押的不动产等。现阶段的信用卡容易办到，可是额度还是远远满足不了“剁手党”的需求。去银行借钱也很不方便，要拿号、排队、填一大堆单子等等。

对于办理信用卡和贷款来说，银行需要的都是“指定数据”：指定的收入

证明、指定的不动产证明等。而互联网金融(如:蚂蚁花呗、蚂蚁借呗和京东白条)需要的数据更多,但是这些数据不需要完全由借钱的人来提供,他们会根据借贷人在电子商务平台的消费数据、绑定的银行卡数据、行为数据等等来做评分授信。

有了大数据的支撑,以前不容易借钱或者说借钱慢的现象有了大大的改善。对了,你的"芝麻分"是多少?支付宝的花呗和借呗就是根据"芝麻分"来进行授信的。

大数据让借钱容易了,对于赖账的人,大数据也有十分重要的作用。最高人民法院执行局 2013 年 11 月 14 日与中国人民银行征信中心签署合作备忘录,共同明确失信被执行人名单信息纳入征信系统相关工作操作规程。现在,只要去中国执行信息公开网就可以查询失信被执行人的信息。

(三) 大数据让人更聪明、更智慧

人的智慧是无穷的,但是人的计算能力和记忆力是有上限的。就拿游戏《王者荣耀》来说,你知道哪个英雄的胜率最高吗?有人会回答是武则天,也有人回答是诸葛亮,更有人回答是亚瑟,但是通过后台统计分析的广大玩家数以万计的数据来看,2017 年 6 月的数据,《王者荣耀》胜率最高的前 3 个英雄分别为牛魔、蔡文姬和宫本武藏。根据官方提供的这份数据,用户可以做出最优的选择,更有效率地通关游戏。

大数据一个很大的功能就是预测,而预测的基础是历史、现在以及相关的数据(比如说天气)。让事件可被提前预测,从而人们可以做出最优选择和部署复杂情况的应对方案,这是大数据的智慧之处。

(四) 大数据思维可以帮你省钱

都说会花钱的人才会赚钱。事实上,会大数据思维的人,首先学会的是省钱。同样的商品在互联网不同的电商平台有着不同的价格;同样飞往洛杉矶的机票,不同的组合、不同的航空公司、不同的转机方案,所花费的钱也有所不同。我们常常能够看到的"比价网"背后运用的就是大数据原理。

会省钱过日子的妈妈、婶婶们都爱记账,我们可以把记账的过程叫做"数据收集"。

每个月回顾上个月的家庭开支,你会发现自己的每一笔钱是如何花出

去的，同时也能知道哪个方面的钱花太多或者花得不值当，这个过程可以理解为数据的积累（存储）与计算。

分析每个月的开销，可以让你积累花钱经验，规避花钱陷阱，下个月就知道该在哪个项目上面省钱，这就是数据分析与辅助决策了。

同样的，在互联网公司，每一笔广告费用花出去都是要计算投资回报率（return on investment，ROI）的。再拿游戏《王者荣耀》举例，同样是300万的广告费用，投入不同的用户渠道，所带来的收益不尽相同。那么，选择哪个会有更低的获客成本，让推广更有效率？

用大数据分析，能计算出每个用户渠道的价值，也能计算出哪些渠道有"水分"和刷量，继而用最少的市场费用拉来最多的用户，产生最多的产出。ROI越高，说明钱花的地方就更正确，省下来的广告费用还可以继续投，何乐不为？

（五）大数据让工作可以量化，更加公平

大数据思维在工作中也可以用到。职场上经常会遇到两种人：前者喜欢追着领导拍马屁，混各种饭局；后者兢兢业业踏踏实实地工作，但是不容易让人看到。那么作为直属领导，给谁升职好呢？还是拿成绩来说话吧。每个月完成了多少工作量；开发了多少新客户，收到了多少订单；公众号粉丝涨了多少；卖出了多少包咖啡；等等，这些都是可以拿来作为证明的。为公司创造更多价值的员工，升职加薪都是应该的，实至名归。如果你踏踏实实工作得不到老板的青睐，那么从现在起，开始每日记录你的工作情况，收集到更多可以证明你工作成果的数据，去找老板谈加薪吧。数据是客观的。

案例：奇妙的抖音推荐

我们在刷抖音视频时，经常会有如下几个感受：

感觉抖音的每个短视频都正戳兴趣点，自己是"越刷越上头"，完全停不下来；

刷抖音是感受不到时间流逝的——"明明我才刷了一小会，怎么时间就过去一个小时啦？"

自己好像中了抖音的"毒"——工作之余，闲暇时间，总是心痒难耐，想要打开抖音刷一刷；

事实上这是抖音的推荐系统起到的作用。我们知道，推荐任务中主要获取的是两方面的数据：一个是视频特征，一个是用户特征。对于用户来说，抖音会实时记录用户对某个视频的点击、播放、停留、关注、评论、点赞、转发等行为，并根据这些特征进行离线或实时计算。

抖音之所以能够让用户“越刷越上头”还在于其对推荐的改进，如图 1-4 所示：

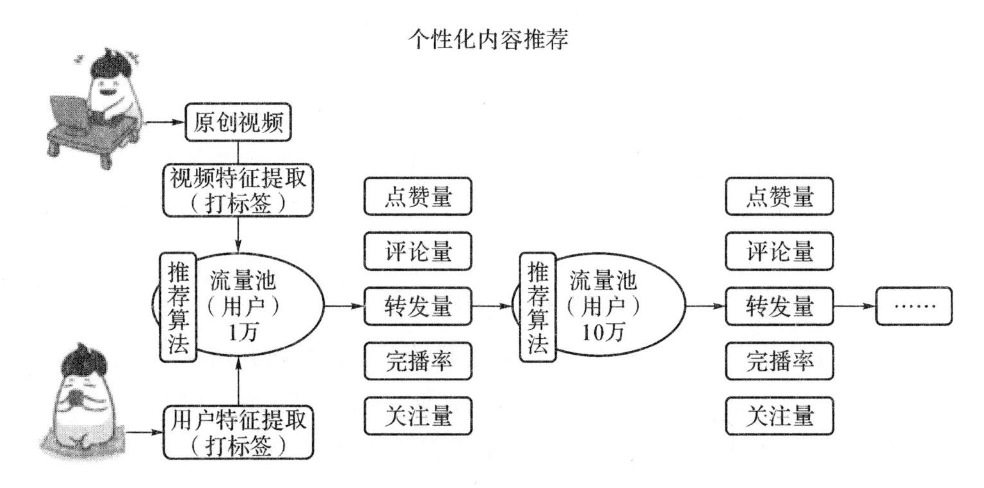

图 1-4 抖音个性化内容推荐流程图

(1) 当一个新用户上传一个视频时，首先由设计好的系统对视频自动打标签，获取视频的显式特征信息；

(2) 其次将该视频先随机推荐给 1 万个用户（又称流量池）；

(3) 这些被推荐的用户对这个新上传的视频进行相关交互（点击、播放、停留、关注、评论、点赞、转发等），系统根据交互的数据，来判断当前的视频质量如何（尤其是该视频的完播率如何，完播率意指整个视频完整地被观看的次数占比），根据数据分析结果，决定是否进一步扩大推荐的范围；

(4) 更优秀的视频会被推荐到更大的流量池，以获得更多的用户浏览量。

因此这套机制可以避免资源倾斜问题，即便是新用户（或用户使用小号），在上传的视频中，如果质量好，都有机会获得更多的浏览量，该推荐机制避免了系统偏向大号、“大 V”的问题。

另外，抖音推荐还会涉及对社交网络的挖掘。在基于内容推荐时，根据用户关注的主播，或已查看相关主播的多个视频，可根据该主播的其他粉丝的兴趣来进行推荐，这一部分则可以涉及社交关系知识图谱，以此发现更多新的视频。这也就是说，当持续刷抖音时，总会发现一些新的感兴趣的视频。

四、大数据的应用和发展趋势

大数据无处不在，包括金融、汽车、零售、餐饮、电信、能源、政务、医疗、体育、娱乐等在内的社会各行各业都已经融入了大数据的印迹。

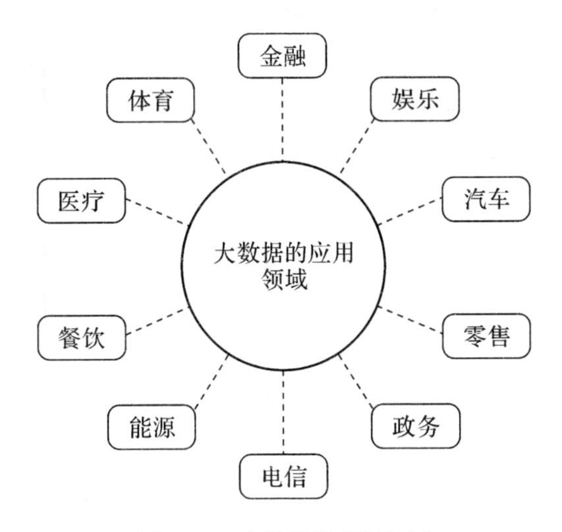

图 1-5 大数据的应用领域

趋势一：物联网

“一句式”理解物联网：把所有物品通过信息传感设备与互联网连接起来，进行信息交换，即物物相息，以实现智能化识别和管理。

物联网是新一代信息技术的重要组成部分，也是“信息化”时代的重要发展阶段。其英文名称是：“internet of things(IoT)”。顾名思义，物联网就是物物相连的互联网。

这有两层意思：

其一，物联网的核心和基础仍然是互联网，是在互联网基础上延伸和扩展的网络；

其二，其用户端延伸和扩展到了任何物品与物品之间，进行信息交换和通信，也就是物物相息。

趋势二：智慧城市

智慧城市就是运用信息和通信技术手段感测、分析、整合城市运行核心系统的各项关键信息，从而对包括民生、环保、公共安全、城市服务、工商业活动在内的各种需求做出智能响应。其实质是利用先进的信息技术实现城市智慧式管理和运行，进而为城市中的人创造更美好的生活，促进城市的和谐、可持续发展。

随着人类社会的不断发展，未来城市将承载越来越多的人口。目前，我国正处于城镇化加速发展的时期，部分地区“城市病”问题日益严峻。为解决城市发展难题，实现城市可持续发展，建设智慧城市已成为当今世界城市发展不可逆转的历史潮流。

这项趋势的成败取决于数据量跟数据是否足够，这有赖于政府部门与民营企业的合作；此外，发展中的5G网络是全世界通用的规格，如果产品被一个智慧城市采用，将可以应用在全世界的智慧城市。

趋势三：增强现实(AR)与虚拟现实(VR)

拟现实技术是一种可以创建和体验虚拟世界的计算机仿真系统，它利用计算机生成一种模拟环境，是一种多源信息融合的、交互式的三维动态视景和实体行为的系统仿真使用户沉浸到该环境中。

增强现实(AR)是相对容易被误解的，相比起虚拟现实(VR)来说，它不是单纯被创造出来的——而3D建模、模拟世界这样的纯粹被创造出来的东西更好理解。所谓现实，就是我们肉眼看得到的、耳朵听得见的、皮肤感知得到的、身处的这个世界。广义地说，在现实的基础上利用技术将增添一层相关的、额外的内容，就可以被称为增强现实。这两个技术最近开始降价并提升质量，走向大众市场，FaceBook发表了头戴式VR设备Oculus Go，售价只要200美元；微软也发表了VR系统，可搭配HTC、三星与Acer等品牌的硬件使用。VR应用一开始以电玩为主，现在的应用却超越电玩，例如可以用来教学。

趋势四：区块链技术

区块链是分布式数据存储、点对点传输、共识机制、加密算法等计算机技术的新型应用模式。所谓共识机制是区块链系统中实现不同节点之间建立信任、获取权益的数学算法。

区块链技术是指一种全民参与记账的方式。所有的系统背后都有一个数据库,你可以把数据库看成是一个大账本。目前是各自记各自的账。

柯斯塔表示,这项技术本质是编译码跟加解密,可以有效加密信息。区块链有很多不同应用方式,美国几乎所有科技公司都在尝试如何应用,最常见的应用是比特币跟其他加密货币的交易。

趋势五:语音识别技术

语音识别是一门交叉学科。近 20 年来,语音识别技术取得了显著进步,开始从实验室走向市场。人们预计,未来 10 年内,语音识别技术将进入工业、家电、通信、汽车电子、医疗、家庭服务、消费电子产品等各个领域。语音识别听写机在一些领域的应用被美国新闻界评为 1997 年计算机发展十件大事之一。很多专家都认为语音识别技术是 2000 年至 2010 年间信息技术领域十大重要的科技发展技术之一。语音识别技术所涉及的领域包括信号处理、模式识别、概率论和信息论、发声机理和听觉机理、人工智能等等。

语音识别是通用的无屏幕接口,可以迅速地整合在各项工具上,在智能设备跟手机上很好用,而 Amazon 的智能喇叭 Echo 现在发展到第三代,可以开关智能电灯、开口询问就能搜寻信息等。这项产业有个很大优点,就是发展技术的公司都打算把这项技术商品化,像是 Google、Amazon 和苹果的语音识别技术都可透过授权使用在其他业者的硬件服务上。

趋势六:人工智能(AI)

人工智能(artificial intelligence),英文缩写为 AI。它是研究、开发用于模拟、延伸和扩展人的智能的理论、方法、技术及应用系统的一门新的技术科学。

人工智能需要被教育,汇入很多信息才能进化,进而产生一些意想不到的结果。AI 影响范围很广,例如媒体业,现在计算机跟机器人可以写出很好的文章,而且 1 小时能产出好几百篇,成本也低。AI 对经济发展会产生剧烈影响,很多知识产业跟白领工作也可能被机器人取代。但他对于 AI 的态度很正面,这会让生活更好,例如自驾车绝对比人驾车更安全。

趋势七：数字汇流

大约从1995年起，就陆续有人在讨论所谓“数位汇流”，说有一天电话、电视、音响、电脑与游戏机将会整合成一个装置。事实上这件事情早就发生了，iPhone就是这样的装置。但这件事情也还没发生，因为在客厅，你还是需要一个50英寸的荧幕和一组6.1声道喇叭，好好享受影音。iPhone或许可以接上这些周边设备，但总不能每次老爸的电话一响，大家看到一半的电影就要暂停吧？

所以数字载具会汇流，每个装置都可以兼当另一个装置使用。但那不代表每个人都只买一个数字装置，事实上，在不同的使用情境之下，我们还是会需要很不一样的数字装置——光是荧幕大小就有好多种选项，音响效果、摄影机，都需要不同的配套。所以数字汇流比较像是“iCloud”，也就是说所有的装置会存取同一个远端资料库，让你的数字生活可以完全同步，随时、无缝地切换使用情境。

但除了载具的汇流，我们更应关心的是另一个数字汇流，一个网路商业模式的汇流，或者更明确地说，数字汇流就是“内容”与“电子商务”的汇流。

对未来冲击最大的一项趋势就是将上述六项趋势合并起来的效果，像是84亿个物联网设备，可用区块链技术加强安全性；智慧城市透过物联网，就能产生海量数据，这些数据需要由人工智能进行分析；虚拟现实和语音识别也需要透过人工智能不断学习。这些科技发展息息相关，相辅相成，所以数字汇流是最重要的趋势。

大数据成为时代发展一个必然的产物，而且大数据正在加速渗透到我们的日常生活中，从衣食住行各个层面均有体现。大数据时代，一切可量化，一切可分析。

第三节 数据科学与大数据技术

一、数据科学

大数据正在改变着人们的工作、生活与思维模式[1]，进而对文化、技术和学术研究产生深远影响[2]。一方面，大数据时代给各学科领域带来了新的机遇——认识论和研究范式的转变[3]，促生了一种区别于传统科学研究中沿用至今的“知识范式”的新研究范式——“数据范式”。“数据范式”的广泛应用成为现代科学研究的一个重要转变。另一方面，大数据带来的挑战在于数据的获取、存储、计算不再是瓶颈或难题，各学科领域中的传统知识与新兴数据之间的矛盾日益突出，传统知识无法解释和有效利用新兴的大数据，进而促使传统理论与方法的革命性变化。

目前，大数据已受到各学科领域的高度关注，成为包括计算机科学和统计学在内的多个学科领域的新研究方向，表现出不同专业领域中的数据研究相互高度融合的趋势，进而即将独立出一门新兴学科——数据科学。同时，大数据研究中仍存在一些误区或曲解，如片面追求数据规模、过于强调计算架构和算法、过度依赖分析工具、忽视数据重用、混淆数据科学与大数据的概念以及全盘否定大数据等[4]。因此，现代社会需要一门新学科来系统研究大数据时代的新现象、理念、理论、方法、技术、工具和实践，即“数据科学”。

“数据科学”与“大数据”是两个既有区别又有联系的术语，可以将数据科学理解为大数据时代的一门新科学[5]，即以揭示数据时代尤其是大数据时代新的挑战、机会、思维和模式为研究目的，由大数据时代新出现的理论、方法、模型、技术、平台、工具、应用和最佳实践组成的一整套知识体系[6]。

（一）内涵及其发展

数据科学在20世纪60年代已被提出，但当时并未获得学术界的注意和认可。

1974年，著名计算机科学家、图灵奖获得者彼得·诺尔(Peter Naur)在其著作*Concise Survey of Computer Methods*中将数据科学定义为："处理数据的科学，一旦数据与其代表事物的关系被建立起来，将为其他领域与科学提供借鉴"。之后，数据科学研究经历了一段漫长的沉默期。直到2001年Cleveland在*International Statistical Review*发表了学术论文，主张数据科学是统计学的一个重要研究方向[7]，数据科学才再度受到统计学领域的关注。

2007年，另一位图灵奖得主吉姆·格雷(Jim Gray)发表了著名演讲《科学方法的革命》，将科学研究分为四类范式，即实验归纳、模型推演、仿真模拟和数据密集性科学发现。有学者认为数据科学就是第四范式，即在实验观测、理论推演、计算仿真之后的数据驱动的科学研究范式。第四范式将数据科学从其前的三个科学研究范式中分离出来，带来了科学发现和思维方式的革命性改变。海量的数据使得我们可以在不依靠模型和假设的情况下，直接通过分析数据发现过去的科学研究方法发现不了的新模式、新知识甚至新规律[8]。

2013年，Mattmann[9]和Dhar[10]从计算机科学与技术视角讨论了数据科学的内涵，将数据科学纳入计算机科学与技术专业的研究范畴。

Gartner的调研及其新技术成长曲线[11]表示，数据科学的发展于2014年7月已经接近创新与膨胀期的末端，在之后的2～5年内开始应用于生产高地期。同时，Gartner的另一项研究揭示了数据科学本身的成长曲线[12]，如图1-6。从中可以看出，数据科学的各组成部分的成熟度不同：R的成熟度最高，已广泛应用于生产活动；其次是模拟与仿真、集成学习、视频与图像分析、文本分析等，它们正在趋于成熟，即将投入实际应用；基于Hadoop的数据发现可能会消失；语音分析、模型管理、自然语言问答等已经度过了炒作期，正在走向实际应用；公众数据科学、模型工厂、算法市场(经济)、规范分析等正处于高速发展期。

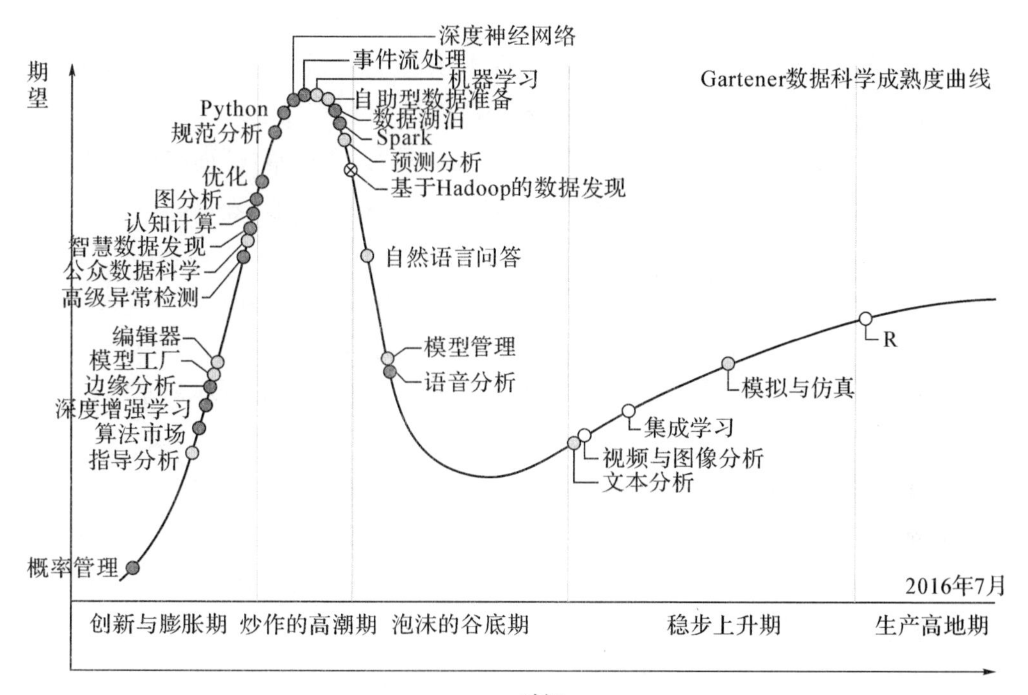

图 1-6　数据科学的成长曲线

图片来源：朝乐门，邢春晓，张勇. 数据科学研究的现状与趋势[J]. 计算机科学，2018，45(1)：1-13.

目前，学术界已对数据科学（data science）的内涵基本达成共识——数据科学是一种以数据为中心的科学。朝乐门[13]在其专著《数据科学》中从以下四个方面较为全方位地解释了**数据科学的内涵**：

（1）数据科学是一门将“现实世界”映射到“数据世界”之后，在“数据层次”上研究“现实世界”的问题，并根据“数据世界”的分析结果，对“现实世界”进行预测、洞见、解释或决策的新兴科学；

（2）数据科学是一门以数据，尤其是“大数据”为研究对象，并以数据统计、机器学习、数据可视化等为理论基础，主要研究数据加工、数据管理、数据计算、数据分析和数据产品开发等活动的交叉性学科；

(3) 数据科学是一门以实现“从数据到信息”“从数据到知识”和/或“从数据到智慧”的转化为主要研究目的的,以数据驱动、数据业务化、数据洞见、数据产品研发和/或数据生态系统的建设为主要研究任务的独立学科;

(4) 数据科学是一门以“数据时代”,尤其是“大数据时代”面临的新挑战、新机会、新思维和新方法为核心内容的,包括新的理念、理论、方法、模型、技术、平台、工具、应用和最佳实践在内的一整套知识体系。

从上述四种定义可看出,数据科学的最终研究目标是实现数据、物质和能量之间的深层转换,即通过数据利用的方式降低物质/能量的消耗或/和提升物质/能量的利用效果和效率。**数据科学的主要特征**:① 数据科学的研究对象是来源于各种载体与形式的数据,数据科学研究数据本身具有或者呈现出的各种类型、特点、存在方式及其变化形式和规律等;② 目的是从数据中发现并提取出知识,以应用于实际需求,揭示具体现象和规律;③ 其主要研究内容包括数据科学基础理论、数据加工、数据计算、数据管理、数据分析和数据产品开发。**数据科学的数据链**包括数据、信息、知识、空间决策等,其主要流程为利用数据挖掘方法从数据中获得相关过程或事件的信息,通过对信息进行分析,获取相关知识,在此基础上进行空间决策。**数据科学的主要方法**包括数据统计、数据挖掘、数据洞察与预测。其中,数据统计主要是指传统的统计方法,其目的是对数据进行排序、过滤、计算和统计,以揭示有意义的信息。数据挖掘是指采用关联分析、聚类分析、因子分析和传统的人工智能算法,从数据中发现未知、潜在、有用的模式或信息。数据洞察和预测是利用诸如深度学习等先进算法对数据进行挖掘与集成融合,提高分类或预测能力以支持空间决策[14-16]。

近年来,数据科学研究呈现出了**两个重要发展趋势**:① 数据科学作为一门新学科,从统计学和机器学习等理论基础中独立出来,逐渐发展成一门新的学科领域——专业数据科学,重点提炼其理念、理论、方法、技术、工具和最佳实践;② 在各传统科学中,大数据现象和数据科学作为一种新的研究方向或子学科——专业中的数据科学。例如,数据新闻(data journalism)[17]是新闻学与大数据交叉后产生的一个新研究方向。但是,数据科学是一门快速发展的新兴学科,其研究深度和广度尚未达到期望值。从理论深度看,数据科学的一些关键问题(如大数据的变化规律、数据驱动型应用、数据密集型计算、数据产品研发方法等)有待进一步深入研究;从理论广度看,数据科学与其他学科(包括信息科学)之间的融合程度不够,数据科学的学科地位与科学贡献尚未明确。

作为一个新兴的研究领域,随着各行各业对数据科学理论、方法与应用研究需求的不断增加,尤其是各个领域的研究者针对现实问题提出的对数据科学的期望,将会使数据科学的研究不断地趋于深入与完善。目前,我国有关数据科学的研究也正以方兴未艾的态势发展,不同领域的研究者在探索相关的理论与方法的同时,也在为解决我国面临的现实问题而着力。

(二) 学科关联

数据科学是一种跨学科的数据挖掘方法,它结合了统计学、信息科学、网络科学、机器学习等众多领域以及科学方法和过程并且建立在这些学科的理论和技术之上,以便在不需要人类交互的情况下,以自动化的方式分析和挖掘数据[18]。在实际应用中,数据科学包括数据的收集、清洗、分析、可视化以及数据应用整个迭代过程,最终帮助组织制定正确的发展决策。

2010 年,德鲁·康威提出了第一个揭示数据科学的学科定位的维恩图,如图 1-7 所示,他认为数据科学是统计学、机器学习和领域知识相互交叉的新学科。从数据科学维恩图的中心部分可看出,数据科学位于统计学、机器学习和某一领域知识的交叉处,具备较为显著的交叉型学科的特点。同时,从外围可看出,数据科学家需要具备数学与统计学知识、领域实战和黑客精神,说明数据科学不仅需要理论知识和实践经验,还涉及黑客精神,即数据科学具备 3 个基本要素:理论(数学与统计学)、实践(领域实务)和精神(黑客精神)。

后来,其他学者在此基础上提出了诸多修正或改进版本。参考德鲁·康威在 2010 年和杰里·奥弗顿在 2016 年给出的数据科学维恩图,本书将对数据科学与统计学、网络科学和计算机科学的关系进行阐述[19-20]。

(1) 数据科学与统计学。统计学将数据作为研究对象,致力于收集、描述、分析和解释数据,其为数据科学提供了重要基础和工具。然而,在大数据面前,统计学也面临着诸多问题和挑战。例如:统计假设在复杂大数据分析中难以满足、数据自身及分析结果的真伪难以判定、端到端的大数据推断缺乏基础理论支撑等。统计学针对这些问题目前基本上是束手无策的;而

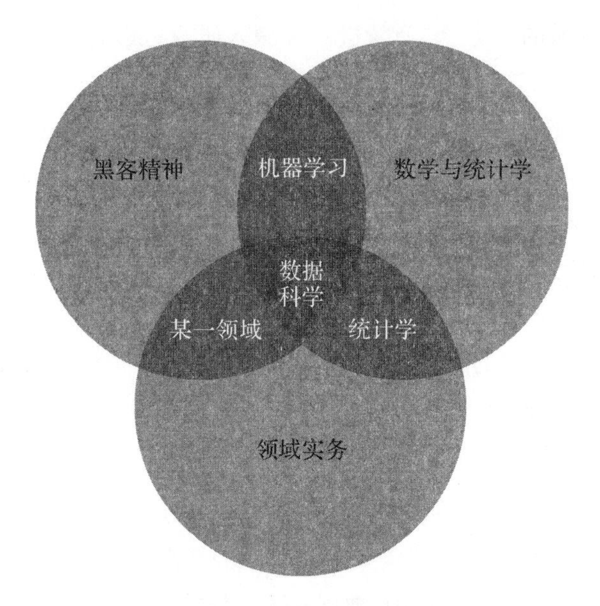

图 1-7　德鲁·康威的数据科学维恩图

统计学所依赖的一些传统强假设(如独立同分布假设、低维假设等),也都无法适用于目前多源异质的真实数据。因此,数据科学虽然在研究对象上和统计学是相同的,但在研究问题的范畴上却是超越统计学的。譬如:数据科学该如何深入认识数据固有的共性规律?是否能建立一套数据复杂性理论体系?数据规模、数据质量和数据价值有什么定量关系?如何刻画大数据所表现出来的多层面的非确定性特征?

(2) 数据科学与网络科学。数据科学的发展可以借鉴网络科学的发展历程,以类似的方法寻找研究对象的共性规律。网络科学发现了物理世界中广泛存在的网络所呈现出的共性规律(如幂率分布、小世界现象等),从而促进了其从图论和随机图论中分离出来独立发展,实现了其研究对象从作为数学工具的图到作为物理对象的网络的转变。那么在数据科学中,数据的共性规律是什么?在现实世界中是否有完全不同的两个数据集之间存在某种共性?一方面,一下子找到所有领域的共性规律可能是不现实的,因而可以先从几个关键领域出发,寻找部分领域的共性规律;另一方面,寻找数据的共性规律需要能够问出合适的基础性问题,类似网络科学中关于度分布、聚集系数、网络直径、网络脆弱性、网络适航性等方面的问题。目前,尚不明确各个领域的数据是否存在统一的规律。因此，数据科学还需要在应用领域进行一定时间的探索，从领域知识中汲取养分，并逐步发现规律、寻找共性。

(3) 数据科学与计算机科学。数据科学的起源与发展离不开计算机科学，但这两个学科由于研究对象和研究方法的不同，未来也许会平行发展。简单而言，从研究对象的角度来说，计算机科学是关于算法的科学，而数据科学是关于数据的科学。从计算机科学到数据科学，研究手段从传统计算机领域的算法复杂性分析，转变为对数据的复杂性和非确定性等特性进行分析研究。如何在有限时间空间条件下对非确定边界的数据进行计算？数据复杂性、模型复杂性与模型性能之间是什么关系？解决某个问题所需要大数据的量的边界如何确定？是否能发展为一套理论，为基于大数据的计算模型提供其能力上、下界的保证？这些都是数据科学独立于计算机科学之外所需要解决的问题。

二、大数据技术

大数据出现颠覆了传统数据处理的一系列技术，如大数据获取方式的改变导致数据规模迅速膨胀，相对于传统的数据库系统，其索引、查询以及存储都面临着严峻的考验，而且怎样快速地完成大数据的分析也是传统数据分析方法无法解决的。为此，针对规模大、速度快、数据多样、价值密度低的大数据，本书将大数据处理技术体系总结如图 1－8 所示。

从大数据的处理过程来看，大数据技术包括 3 个核心部分：大数据采集与存储、大数据处理与计算及大数据分析与可视化。大数据处理环节中各技术功能的相互配合使用可为大数据价值的有效实现提供技术基础。

(一) 大数据采集与存储

在大数据的生命周期中，数据采集处于第一个环节。大数据采集的来源主要有 4 种：管理信息系统、Web 信息系统、物理信息系统和科学实验系统。不同的数据集可能存在不同的结构和模式，如文件、XML 树、关系表等，表现为数据的异构性。对于多个异构的数据集，需要做进一步集成处理或整合处理，将来自不同数据集的数据收集、整理、清洗、转换后生成一个新的数据集，为后续的查询和分析处理提供统一的数据视图。来自不同领域

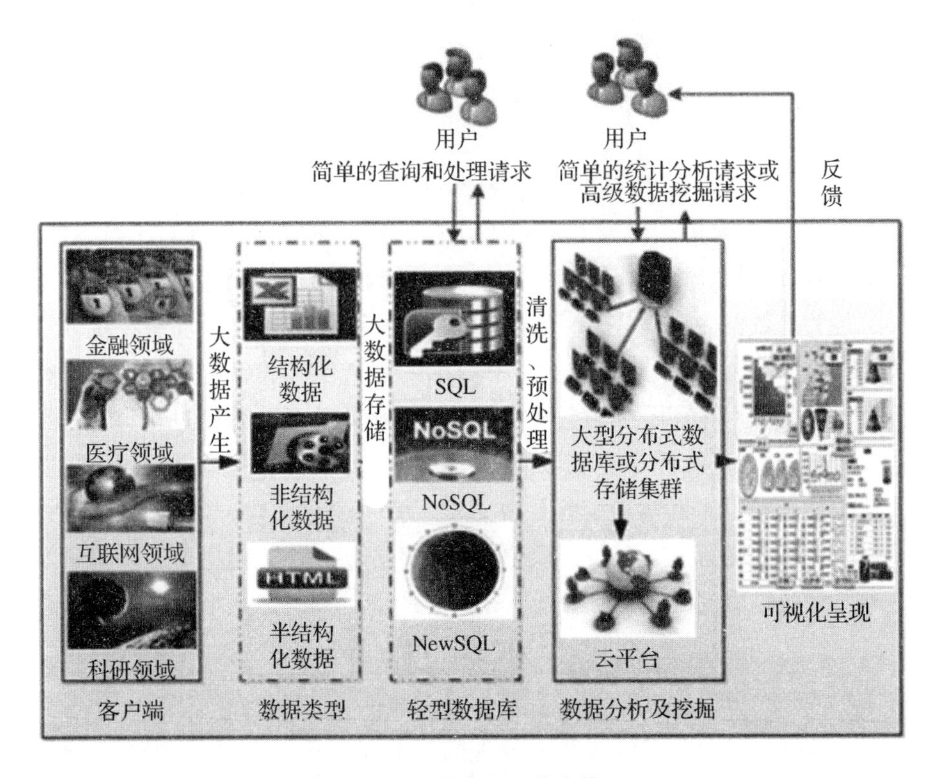

图 1-8 大数据处理技术体系

图片来源:彭宇,庞景月,刘大同,等.大数据:内涵、技术体系与展望[J].电子测量与仪器学报,2015(4):469-482.

的大数据,其特点、数据量以及用户数目不同,按照结构特点,可划分为3种类型:结构化数据、半结构化数据以及非结构化数据。大数据采集的挑战是并发数高、流式数据速度快。人们针对管理信息系统中的异构数据库集成技术,Web信息系统中的实体识别技术,DeepWeb集成技术和传感器络数据融合技术已经进行了很多研究工作,取得了较大的进展,推出了多种数据清洗和质量控制工具。

大数据应用通常是对不同类型的数据进行内容检索、交叉比对、深度挖掘和综合分析。面对这种应用需求,传统数据库无论在技术上还是在功能上都难以为继,因此,近几年出现了OldSQL、NoSQL与NewSQL并存的局面。按照数据类型的不同,大数据的存储和管理可采用不同的技术路线,大致可以分为如下3类:第一类主要面对的是大规模的结构化数据。针对这类大数据，通常采用新型数据库集群，它们通过列存储、行列混合存储及粒度索引等技术，结合 MPP(massive parallel processing)架构高效的分布式计算模式，实现对 PB 量级数据的存储和管理。第二类主要面对的是半结构化和非结构化数据。对此，基于 Hadoop 开源体系的系统平台更为擅长，它们通过对 Hadoop 生态体系的技术扩展和封装，实现对半结构化和非结构化数据的存储和管理。第三类主要面对的是结构化和非结构化混合的大数据，对此，可采用 MPP 并行数据库集群与 Hadoop 集群的混合来实现对 EB 量级数据的存储和管理。改进的轻型数据库可用于完成大数据的存储并响应用户的简单查询与处理请求；而当数据量超过轻型数据库的存储能力时，则需要借助大型分布式数据库或存储集群平台，且随着互联网技术和云计算技术的发展，建立在分布式存储基础上的云存储已经成为大数据存储的主要趋势。大数据存储的主要挑战是数据异构、结构多样、规模大。

（二）大数据处理与计算

大数据处理与计算模式就是根据大数据的不同数据特征和计算特征，从多样性的大数据计算问题和需求中提炼并建立的各种高层抽象或模型。例如，MapReduce(是一个并行计算抽象)、加州大学伯克利分校的 Spark 系统中的分布内存抽象 RDD、CMU 的图计算系统 GraphLab 中的图并行抽象(graph parallel abstraction)等。大数据处理多样性的需求驱动了多种大数据计算模式的出现，也出现了很多与计算模式对应的大数据计算系统和工具。例如：大数据查询分析计算模式，其工具为 HBase、HiveCassandra、Premed、Impala 及 Shark；批处理计算模式，其工具为 MapReduce、Spark；流式计算模式，其工具为 Scribe、Fume、Storm、S4、SparkStreaming；迭代计算模式，其工具为 Hadoop、iMapReduce、Twister、Spark；图计算模式，其工具为 Pregel、PowerGrapg、GraphX；内存计算模式，其工具为 DremelHana、Redis。

（三）大数据分析与可视化

大数据分析是指对规模巨大的数据进行分析。数据仓库、数据安全、数据分析、数据挖掘等技术成为行业追捧的焦点。大数据分析共包括可视化分析、数据挖掘算法、预测性分析、语义引擎（从文档中智能提取信息）、数据质量与数据管理及数据仓库与商业智能 6 个方面。大数据的分析涉及简单的统计分析以及分类汇总，其挑战在于导入数据量大、查询请求多；而大数据挖掘涉及数据的分类、聚类、频繁项挖掘等，其算法复杂，计算量大。

数据可视化是大数据分析的最后环节，也是非常关键的一环，它通过丰富的视觉效果，把数据以直观、生动、易理解的方式呈现给用户，可以有效提升数据分析的效率和效果。大数据的挖掘及分析结果将在显示终端以友好、形象、易于理解的形式呈现，以供专业人士分析结果的准确性或为用户提供决策信息支持。大数据呈现的挑战在于数据维度高，呈现需求多样化。

参考文献

[1] 迈尔-舍恩伯格，库克耶. 大数据时代：生活，工作与思维的大变革[M]. 杭州：浙江人民出版社，2013.

[2] Boyd D, Crawford K . Critical questions for big data provocations for a cultural, technological, and scholarly phenomenon[J]. Information, Communication & Society, 2012, 15(5): 662 - 679.

[3] Kitchin R. Big data, new epistemologies and paradigm shift[J]. Big Data & Society, 2014, 1(1): 1 - 12.

[4] Jagadish H V. Big data and science: myths and reality[J]. Big Data Research, 2015, 2(2): 49 - 52.

[5] Provost F, Fawcett T. Data science and its relationship to big data and data-driven decision making[J]. Big Data, 2013, 1(1): 51 - 59.

[6] 朝乐门，邢春晓，张勇. 数据科学研究的现状与趋势[J]. 计算机科学，2018，45(1)：1 - 13.

[7] Cleveland W S. Data science: an action plan for expanding the technical areas of the field of statistics[J]. International Statistical Review, 2001, 69(1): 21 - 26.

[8] 李国杰，程学旗. 大数据研究：未来科技及经济社会发展的重大战略领域——大数据的研究现状与科学思考[J]. 中国科学院院刊，2012，27(6)：647 - 657.

[9] Mattmann C A. Computing: a vision for data science[J]. Nature, 2013, 493(7433): 473 - 475.

[10] Dhar V. Data science and prediction[J]. Communications of the ACM, 2013, 56(12): 64 - 73.

[11] Gartner J. Gartner's 2014 hype cycle for emerging technologies maps the journey to digital business[EB/OL]. [2017-10-20]. http://www.gartner.com/newsroom/id/2819918.
[12] Gartner J. Hype cycle for data Science[EB/OL]. [2017-10-20]. https://www.gartner.com/doc/3388917/hype-cycle-data-science.
[13] 朝乐门. 数据科学[M]. 北京:清华大学出版社,2016.
[14] Zuo R G. Geodata science based mineral prospectivity mapping: a review[J]. Natural Resources Research, 2020, 29: 3415-3424.
[15] Zuo R G, Xiong Y H. Geodata science and geochemical mapping[J]. Journal of Geochemical Exploration, 2020, 209: 106431.
[16] 左仁广. 基于数据科学的矿产资源定量预测的理论与方法探索[J/OL]. [2021-04-10]. https://doi.org/10.13745/j.esf.sf.2020.12.1.
[17] Gray J, Chambers L, Bounegru L. The data journalism handbook: how journalists can use data to improve the news[M]. Sebastopol: O'Reilly Media, 2012.
[18] Hayashi C. What is data science? fundamental concepts and a heuristic example [M]//Data science, classification, and related methods. Tokyo: Springer, 1998: 40-51.
[19] Moses L E. Think and explain with statistics[M]. AddisonWesley, 1986: 199-203.
[20] 徐宗本,唐年胜,程学旗. 数据科学:基本概念、方法论与发展趋势[M]. 北京:科学出版社,2020.
[21] Barabasi A L. Network science[M]. Cambridge: Cambridge University Press, 2016.
[22] 张凯. 大数据导论[M]. 北京:清华大学出版社,2020.

>>>>>>> 第二章 医药院校大数据管理与应用专业概述

第一节　专业归属与相关学科

大数据管理与应用专业以“互联网＋”和大数据时代为背景，主要研究大数据分析理论和方法在经济管理中的应用以及大数据管理与治理方法。

大数据管理与应用专业属于管理学学位下的管理科学与工程类专业。大数据管理与应用专业是2017年国家教育部在互联网和大数据时代背景下增设的专业。本专业主要培养面向互联网和大数据环境下的高级专业人才，大数据是未来互联网发展的趋势，本专业毕业生不仅符合时代的需要，而且具有良好的就业前景。

医药院校大数据管理与应用专业的特色是依托医药院校的丰富卫生健康资源和背景而构建的新型专业，以学生为主体，根据行业岗位特色和人才需求，制定并不断优化培养方案和教学计划，加强理论教学与实验、实践、实训教学，注重培养学生的实践能力和创新意识，形成科学、规范的培养方案。大力改善实验实训条件，优化资源，提供实践保证，并实行开放式管理，建立健全各种管理制度，使学生素质、能力同步提高，为政府部门、平台型互联网公司、各级医疗机构、国内外大中型企业单位输送一批懂数据、懂医药、懂商务、懂管理的复合型现代管理人才。

医药院校卫生经济管理学院的大数据管理与应用专业与其他学院的相关专业既有联系又有区别。数学学院的相关专业主要从数学理论方面介绍大数据分析需要的数学理论和知识。计算机学院的相关专业注重大数据分析的工程化实践，培养学生的工程实践能力。卫生经济管理学院的大数据管理与应用专业，旨在培养既懂经济与管理，也懂医药行业知识，又懂大数据分析的复合型人才，注重培养学生运用大数据技术开展卫生健康领域数据分析和解决复杂商业决策问题的能力。

我国已将大数据视作战略资源并上升为国家战略，国家对于大数据人才的需求越来越旺盛，而相关人才的缺口一直很庞大。作为具有医药行业知识，既懂经济与管理又懂大数据分析的复合型人才，医药院校的大数据管理与应用专业的毕业生可以到政府部门和医药卫生行业的企事业单位等从事数据分析、商业决策支持等工作，相关工作岗位包括数据分析师、数据科学家、企业数据官等。

第二节　专业人才培养目标与实现途径

“大数据管理与应用”专业依托医药院校的优势，致力于培养同时具备医药行业知识与大数据管理能力的复合型人才。围绕国家大数据战略和地方经济对人才的需求，大数据管理与应用专业坚持“医药特色、项目引领”办学理念，强调“厚基础、宽知识、重创新、重实践”的教学理念，培养大数据管理与应用、商务智能与决策的创新型人才，建设具有行业特色的国内一流专业。

总体培养目标：坚持以马列主义、毛泽东思想、中国特色社会主义理论为指导，全面贯彻党的教育方针，体现“教育要面向现代化、面向世界、面向未来”的时代精神和医药院校“仁德、仁术、仁人”的教育理念。培养能为中华民族伟大复兴、为中医药卫生事业振兴而献身，适应社会主义经济建设和现代化建设需要，适应国家大数据战略需求，具有医药行业特色和全球化视野，基础扎实、知识面宽、素质高、创新能力强的专业人才。

专业培养目标：旨在培养具有现代管理科学思想，具备一定的医药行业知识，掌握管理学理论，熟悉现代信息管理技术与方法，熟悉大数据平台与技术，能熟练运用大数据处理技术与大数据分析方法对商务、健康、医药等各行业大数据进行定量分析，并实现智能化管理与决策的复合型人才。本专业坚持“厚基础、宽知识、重思想、重创新、重实践”的培养理念，采取因材施教的模式，采用全新的课程教学体系，培养具有国际视野、创新意识、实践能力及领导潜质的高级管理人才。

医药院校大数据管理与应用专业的人才培养应当以国家战略需求为导向，注重理论知识的学习以及实践能力的培养，让学生成长为与时代潮流相适应、具有创新意识和创新能力的高素质人才。在课程教学方面，以医药基础课程、通识教育、数学基础、管理学和经济学大类课程为基础，增设C语言程序设计、Python程序设计、数据结构、大数据管理与应用、Java程序设计、R语言与大数据分析、大数据技术与管理、数据挖掘与机器学习、健康医疗大数据管理、医药商务大数据管理、云计算、大数据前沿等核心课程，培养学生扎实的理论基础和宽阔的知识视野。在综合实践方面，专门设置了医药大数据采集与管理实训和医药大数据分析与处理实训。并通过在相关课程中开设案例分析、上机实践、团队学习、实习等综合实践和实训环节，培养学生良好的沟通协作、分析问题、解决问题的能力。

具体来讲，医药院校大数据管理与应用专业的主要课程模块包括了8个部分，分别为：通识教育必修课程模块（表2-1）、管理学基础课程模块（表2-2）、经济学课程模块（表2-3）、计算机科学与技术课程模块（表2-4）、医药基础课程模块（表2-5）、数学基础课程模块（表2-6）、大数据管理与应用专业基础课程模块（表2-7）、大数据管理与应用专业课程模块（表2-8）。

表 2－1　通识教育必修课程模块(共 38 学分)

序号	名　称	学　分	学　时	学　期	性　质
1	思想道德修养与法律基础	2.5	45	2	必修(考试)
2	马克思主义基本原理	2.5	45	3	必修(考试)
3	毛泽东思想和中国特色社会主义理论体系概论	4.5	81	4	必修(考试)
4	中国近现代史纲要	2.5	45	2	必修(考试)
5	思想政治理论综合社会实践	2	36	/	必修(考查)
6	形势与政策(一)/(二)/(三)/(四)	0.5/0.5/0.5/0.5	9/9/9/9	1/2/3/4	必修(考试)
7	大学信息技术基础	2	54	2	必修(考试)
8	大学英语基础/提高/发展/高阶课程	3/3/3/2	54/54/54/36	1/2/3/4	必修(考试)
9	军事理论	2	36	1	必修(考查)
10	大学生职业生涯规划	0.5	9	1	必修(考查)
11	大学生创新创业与就业指导	0.5	9	6	必修(考查)
12	体育Ⅰ/Ⅱ/Ⅲ/Ⅳ	1/1/1/1	36/36/36/36	1/2/3/4	必修(考查)
13	大学生心理健康教育	2	36	1	必修(考查)

表 2－2　管理学基础课程模块(共 14.5 学分)

序号	名　称	学　分	学　时	学　期	性　质
1	管理学	3	54	2	必修(考查)
2	大数据与公共管理	2	36	3	必修(考查)
3	大数据与企业管理	2.5	54	4	必修(考查)
4	运筹学	2	36	4	限选(考查)
5	管理预测与决策	3	54	5	必修(考查)
6	博弈论	2	36	3	限选(考查)

表 2－3　经济学课程模块(共 6 学分)

序号	名　称	学　分	学　时	学　期	性　质
1	经济学	3	54	5	必修(考查)
2	网络经济学	3	54	6	限选(考查)

表 2-4 计算机科学与技术课程模块(共 19 学分)

序号	名 称	学 分	学 时	学 期	性 质
1	C 语言程序设计	2.5	54	1	必修(考试)
2	Python 程序设计	2.5	54	2	必修(考试)
3	数据结构	2.5	54	3	必修(考试)
4	大数据库管理与应用	2.5	54	4	必修(考试)
5	Java 程序设计	2.5	54	5	必修(考试)
6	Linux 操作系统	2	36	3	限选(考查)
7	计算机网络	2	36	4	限选(考查)
8	Web 程序设计与应用	2.5	54	5	限选(考查)

表 2-5 医药基础课程模块(共 16 学分)

序号	名 称	学 分	学 时	学 期	性 质
1	中医学概论	4	72	1	必修(考试)
2	基础医学概论	4	72	2	必修(考试)
3	临床医学概论	4	72	3	必修(考试)
4	药学概论	4	72	4	必修(考试)

表 2-6 数学基础课程模块(共 10 学分)

序号	名 称	学 分	学 时	学 期	性 质
1	高等数学	5	90	1	必修(考试)
2	线性代数	2	36	2	必修(考查)
3	概率论与数理统计	3	36	3	必修(考查)

表 2-7 大数据管理与应用专业基础课程模块(共 20 学分)

序号	名 称	学 分	学 时	学 期	性 质
1	大数据管理与应用专业导论	1	18	1	必修(考查)
2	统计学与应用软件	2.5	54	4	必修(考试)
3	R 语言与大数据分析	2.5	54	5	必修(考试)
4	大数据管理概论	3	54	3	必修(考试)

续表

序号	名　　称	学　分	学　时	学　期	性　质
5	自然语言处理	2	36	5	限选(考查)
6	数据可视化技术	2.5	54	5	限选(考查)
7	大数据营销	2.5	54	3	限选(考查)
8	大数据安全管理	2	36	4	限选(考查)
9	大数据治理	2	36	5	限选(考查)

表 2-8　大数据管理与应用专业课程模块(共 15.5 学分)

序号	名　　称	学　分	学　时	学　期	性　质
1	大数据技术与管理	2.5	54	5	必修(考试)
2	数据挖掘与机器学习	2.5	54	6	必修(考试)
3	健康医疗大数据管理	2	36	6	必修(考查)
4	医药商务大数据管理	2	36	6	必修(考查)
5	云计算	1	18	6	必修(考查)
6	大数据前沿	1	18	6	必修(考查)
7	人工智能	2.5	54	7	必修(考试)
8	医药大数据采集与管理实训	1	36	7	必修(考查)
9	医药大数据分析与处理实训	1	36	7	必修(考查)

医药院校大数据管理与应用专业主要的专业实验(实训)课有:Python程序设计、C语言程序设计、Java程序设计、计算机网络、大数据库管理与应用、大数据技术与管理、数据挖掘与机器学习、数据结构、自然语言处理、统计学与应用软件、健康医疗大数据管理和医药商务大数据管理等。具体实验目的、内容和方法如下:

Python 程序设计

实验目的:使学生掌握 Python 语言的语法知识,学会利用 Python 语言进行大数据方面的获取及分析,培养学生利用 Python 程序解决实际问题的能力。

实验内容:① 简单数据类型,② 流程控制,③ 列表,④ 字典,⑤ 元组和集合，⑥ 函数，⑦ 字符串，⑧ 文件对象，⑨ 正则表达式，⑩ 时间与日期、线程等实验，⑪ Python 与大数据分析。

实验方法：上机操作。

C 语言程序设计

实验目的：使学生掌握 C 语言的语法知识，掌握程序调试技巧，并能够利用 C 语言开发一般的程序。

实验内容：① 熟悉 C 语言编程环境，② 建立一个简单的 C 程序并调试运行，③ 表达式的使用，④ 编制选择结构、循环结构程序，⑤ 函数的使用，⑥ 数组及其应用等。

实验方法：上机操作。

Java 程序设计

实验目的：使学生通过实践环节理解 Java 语言的基本结构和程序设计、调试方法，锻炼学生面向对象程序设计思想，提高学生的分析问题、解决问题的能力和动手能力。

实验内容：① Java 程序环境的安装与配置，② Java 基本语法编程，③ 面向对象编程，④ Java 包、接口和异常处理，⑤ 窗口与菜单界面编程，⑥ Java 多线程、图形与多媒体处理。

实验方法：上机操作。

计算机网络

实验目的：通过实验使学生熟悉网络环境及各种实用的网络技术，掌握计算机常见网络的组建和系统集成，加深对网络和通信的基本原理的理解，达到培养学生设计、架构和管理网络的能力。

实验内容：主要包括：① 各种计算机网络的认识，网线的制作，各种网络设备的连接等；② 计 算机常见网络设备的配置；③ 计算机网络的规划设计及排错；④ 计算机网络应用程序的开发，Socket 应用程序开发；⑤ 计算机网络的各种应用服务；⑥ 计算机网络的各种安全技术等。

实验方法：上机操作。

大数据库管理与应用

实验目的：加强学生对数据库基本理论的理解和掌握，培养学生分析数据、存储数据、处理数据特别是大数据的能力，使学生能较熟练地应用关系型数据库及非关系型数据库实现大数据的管理和维护，提升学生的数据管理、分析、应用等综合能力，为后续课程及毕业设计奠定基础。

实验内容：① 熟悉关系型数据库和非关系型数据库的安装和创建，② 使用 SQL 语句进行关系型数据库的数据访问和数据操纵，③ 熟悉非关系型数据库语法进行数据访问和数据操纵，④ 使用 Python 语言对非关系型数据库进行操作，⑤ 充分比较各数据库的特点和优劣，⑥ 进行大数据库管理系统的综合设计。

实验方法：上机操作。

大数据技术与管理

实验目的：了解大数据平台架构，掌握大数据管理框架的设计与搭建，熟悉其安装与配置操作流程，掌握大数据采集、存储与分析方法。

实验内容：① 大数据管理框架的整体认识，② 分布式文件系统的安装与配置，③ 分布式计算框架的部署与配置，④ 大数据管理平台的安装与配置，⑤ 大数据采集项目，⑥ 大数据分析项目。

实验方法：上机操作。

数据挖掘与机器学习

实验目的：熟悉数据挖掘与机器学习的应用场景和软件工具，掌握数据挖掘与机器学习的算法，并能运用编程实现各算法。

实验内容：① 数据挖掘与机器学习的软件工具安装，② 聚类应用案例，③ 分类应用案例，④ 关联规则应用案例，⑤ 神经网络应用案例，⑥ 深度学习应用案例，⑦ 机器学习工具的使用，⑧ 机器学习算法的应用实例。

实验方法：上机操作。

数据结构

实验目的：培养学生从问题建模到数据结构设计、算法设计与实现、算法性能分析的能力，进一步提高学生综合编程能力。

实验内容：① 常用数据结构（线性表、栈、队列、字符串、数组、树、图等）的实现，② 常用算法的设计与分析，③ 数据结构的实际应用，④ 高级数据结构及算法的设计与应用。

实验方法：上机操作。

自然语言处理

实验目的:使学生通过实验了解自然语言处理的主要问题,掌握关键技术方法,能够熟练地对自然语言处理相关的实际问题进行建模并编程实现。

实验内容:① N-Gram 语言模型,② 概率图模型及序列化标注,③ 基本统计学习的句法分析,④ 统计及神经机器翻译,⑤ 基于知识库的问答,⑥ 细粒度情感分析。

实验方法:上机操作。

统计学与应用软件

实验目的:使学生在掌握统计学基本原理与方法的基础上,选择正确的统计学方法解决医药卫生数据处理中的相关问题,根据计算机操作结果进一步做出统计学结论,并根据统计学结论得出专业性结论。

实验内容:一般性统计描述、t 检验、卡方检验、方差分析、秩和检验、回归与相关。

实验方法:上机操作。

健康医疗大数据管理

实验目的:结合健康医疗大数据,熟悉该领域数据的获取、分析及处理和应用的过程,理解大数据对健康医疗的影响以及如何更好地应用大数据促进健康医疗行业的发展。

实验内容:健康医疗大数据平台的认识,健康医疗数据的获取,分析和处理过程,数据管理方法,健康管理,临床医疗及公共卫生领域的大数据项目应用。

实验方法:上机操作、实地考察、社会调查。

医药商务大数据管理

实验目的:结合医药企业在研发生产以及营销中的问题,通过大数据获取和分析处理进一步理解行业问题,提出行业解决方案。

实验内容:医药商务大数据调研和信息获取,医药商务数据的分析和处理过程,医药商务数据的可视化,医药商务大数据的应用。

实验方法:上机操作、实地考察、社会调查。

第三节　专业人才的知识结构要求与能力要求

结合医药院校的人才培养定位和本专业实际，对大数据管理与应用专业毕业生应具备的知识、能力结构提出明确、具体的要求，包括计算机、外语等应达到的标准等。

（一）知识结构要求

（1）掌握高等数学、概率论与数理统计、线性代数、统计学、英语等基础理论知识；

（2）掌握管理学基本理论和基础知识；

（3）掌握大数据分析方法与可视化技术；

（4）掌握计算机科学与技术的相关理论与方法；

（5）熟悉大数据采集、存储与处理技术；

（6）熟悉文献检索、资料查询的基本方法；

（7）了解医药学基础知识；

（8）了解大数据管理前沿知识及其发展动态。

（二）能力结构要求

（1）具有文献检索、资料查询的基本技能，具备一定的科学研究能力；

（2）具有运用大数据技术与方法解决实际管理问题的能力；

（3）具有良好的文字表达与人际沟通能力；

（4）具有在商务、卫生事业、医疗健康、医药等领域从事大数据管理工作的能力；

（5）具有较强的英语听、说、读、写能力，能借助工具书阅读专业英语书刊；

（6）具有进一步自主获取知识的能力。

毕业去向：大数据管理与应用专业为全日制本科，学制为 4 年，学生修完培养方案中规定课程后，可获得管理学学士学位。该专业毕业生可到国内外著名高校、研究所继续深造，开展商业分析、卫生健康数据科学等方向的研究，也可到政府或企事业单位的数据分析部门从事数据分析、商业决策支持等工作。

就业去向：大数据管理与应用专业就业前景美好，数据产业相关的职位从初级的商业数据分析师到高级的数据科学家，甚至公司的高管"首席数据官"或者"首席信息官"都是未来的就业方向。学生毕业后可在各级各类组织机构，如政府管理部门、电商企业、金融机构、医疗机构、医药公司等从事大数据管理、数据分析、信息资源管理和管理决策等工作，亦可在相关院校和研究部门从事教学、科研等工作。

》》》》》》》第三章 医学院校大数据管理与应用的专业特色

第一节　经济管理科学与数据科学技术的集成优势

一、市场对大数据人才的复合需求

随着互联网和信息技术的飞速发展，人类产生的数据量正在呈指数级爆发式增长，大数据时代已阔步而至。随着大数据在社会经济各领域的广泛应用与深度融合，大数据带给人类社会的冲击、变革和改善随处可见，只有掌握大数据分析处理能力的人方能走在时代的前沿，引领时代浪潮。根据《2018全球大数据发展分析报告》显示的全球大数据产业相关人才数量分布情况，中国凭借近几年在"互联网＋""大数据＋"方面的融合创新，积累了丰富的数据资源，同时大数据价值创造应用已经渗透到政务、交通、医疗、教育、公共治理等各个领域，但对比世界主要国家大数据产业人才占本国整体就业人口数量的比例，中国的大数据产业人才仍然存在较大缺口。中国的大数据产业相关人才占中国整体就业人口的0.23%，而美国该比例为0.41%，韩国该比例为0.43%，芬兰该比例为0.84%，以色列该比例为1.12%。清华大学经管学院发布的《中国经济的数字化转型：人才与就业》报告显示，当前我国大数据领域人才缺口高达150万，到2025年或将达到200万。从整体看，数字中国建设、产业转型升级、企业上云用云，这些都对大数据人才产生巨大需求量，且需求量仍在快速增长，而人才培养的数量和速度难以满足现实需求，导致大数据人才缺口持续增大。

同时，大数据人才分布不均匀，主要集中在互联网和金融两大领域，导致制造业等其他产业转型升级过程中极度缺乏大数据人才。大数据相关工作职位对复合型人才需求较多，这类职位的从业人员一方面需要熟悉统计学、算法与分析、机器学习等基础学科知识，另一方面还要根据所处的不同细分领域灵活匹配。未来，大数据管理与应用专业的就业前景广阔，学生毕业后可在相关领域继续深造，或从事商务数据分析、商务智能决策数据环境建设、云计算与物联网等工作。对各大相关公司的岗位标准的调研显示，目前大数据产业主要需要以下三个方面的人才：

（一）大数据应用开发人才

主要负责包括需求分析、平台选择、技术架构设计、应用设计和开发、测试和部署等工作。要求具备分布式存储与计算的知识，熟悉Spark、Hadoop等数据框架，熟悉编程语言，进而可以胜任相关开发或者测试等工作。

（二）大数据挖掘分析人才

主要负责从数据处理到数据挖掘的全部工作，要求熟悉相关数据和平台业务，熟悉数据挖掘的工具与流程，最终达到为用户提供指导性意见的目标。

（三）大数据系统运维人才

要求熟悉数据库，管理数据仓库，聚焦数据仓管的各方面工作。此外，还要对数据库系统进行管理，包括提高数据库工具和服务的有效性，能够确保有效保护与备份数据信息，实时监控数据库性能等相关工作，掌握大数据系统的搭建与运维。

从技术层面来分析，大数据人才需求的重点是挖掘分析工作。这是因为大数据最主要的价值就体现在对海量数据进行加工之后产生的价值增值，这必然需要大量的大数据应用开发与系统运维的专业人员。从业务层面来说，大数据技术面向各个行业领域，这些领域又可以不断细化、不断分类。因此，对大数据产业的人才需求分析可以针对不同行业、不同业务领域进行细分。例如，在医疗健康领域，随着全民医疗信息化和健康信息化的不断推进，各种医学影像、病例分析等业务产生的非结构化数据，包含血糖、血压等监测数据的电子病历数据库等快速增加，海量的医疗与健康数据需要专业人士挖掘和分析。当前大数据技术正处于快速推广和应用阶段，对大量应用型人才的需求在这一阶段显得更为迫切。需要注意的是，大数据专业人才不仅仅要掌握专业技术类知识，而且需要具备不同领域的业务类知识，两者相结合，才能更好地发挥劳动价值，使企业效益最大化。

大数据科学是一门交叉度极高的学科，大数据人才的教育应符合大数据行业的业务特点。从数据科学教育的学习流程来看，数据科学教育又可分为两个阶段：以数据科学的基础理论和技术为中心的教育和以数据科学的应用为中心的教育。2016 年起，我国多所高校开设了数据科学与大数据技术专业（专业代码 080910T），学位授予门类为工学或理学，修业年限为四年，课程教学体系涵盖了大数据的发现、处理、运算、应用等核心理论与技术，旨在培养具备大数据处理及分析能力的高级复合型人才，以满足系统研发和应用开发的需求。近几年来大数据产业规模迅速扩张，各行各业对大数据人才（尤其数据分析）的需求正在急剧增长，在大数据广泛应用的阶段，会涌现出更多的行业特色、管理及应用问题。大数据管理与应用专业（学位授予门类为管理学）以应用大数据分析解决实际问题为导向，强调大数据技术在经济管理领域各种现实场景中的应用，利用大数据管理与治理方法从多个方面提升组织的生产效率和竞争力。两个专业存在明显的差别和紧密的联系（表 3－1）。

表 3-1 大数据相关专业的区别

差别 \ 专业	数据科学与大数据技术（北京大学）	大数据管理与应用（西安交通大学）
开设院系	数学科学学院	管理学院
人才培养目标	致力于培养运用统计分析、机器学习、分布式处理等技术，能从大量数据中提取对科学研究和生产实践有意义的信息，以可视化等技术通过通俗易懂的形式传达给决策者，并创造出新的数据运用服务的人才	旨在培养掌握管理学基本理论，熟悉现代信息管理技术与方法，善于利用大数据分析技术对商务数据开展定量分析，并实现智能化商业决策的复合型人才。坚持“厚基础、宽知识、重思想、重创新、重实践”的培养理念，采取因材施教的模式，采用全新的课程教学体系，培养具有国际视野、创新意识、实践能力及领导潜质的高级管理人才
培养侧重点	数学和计算机基础，强调工程实现的可行性、开发	以国家战略需求为导向，注重理论知识的学习以及实践能力的培养
主要课程	概率论、数理统计、应用多元统计分析、实变函数、应用回归分析、贝叶斯理论与算法、应用时间序列分析、统计计算、统计机器学习、程序设计实习、数据结构与算法、分布与并行计算、算法设计与分析、数据库概论、自然语言处理导论、数值与计算方法、人工智能、最优化方法、深度学习等	以管理学大类课程为基础，增设大数据分析技术、统计机器学习、商业人工智能、社交网络与文本分析、数据可视化、数据质量与数据治理、商业模式分析等核心课程，培养学生扎实的理论基础和宽阔的知识视野。在综合实践方面，通过开设案例分析、上机实践、团队学习、生产实习等综合实践和实训环节，培养学生良好的沟通协作、分析问题、解决问题的能力
毕业授予门类	工学或理学	管理学

经管类学院的大数据管理与应用专业和理工类学院的相关专业（如数据科学与大数据技术），具有区别与联系。理工类学院中的大数据专业注重数学理论的严谨性，从理论层面研究相关基础技术和工程可行性，学习内容上，重点在数据挖掘、分布式计算等技术性方法。而经管类学院则依托商科优势和经管资源，注重培养学生集合商业环境与经济管理理论，把大数据作为工具，处理相关的业务问题。因此，经管类大数据

专业的培养目标不在于掌握庞大的数据信息，而在于对这些含有意义的数据进行专业化处理和挖掘，即通过对数据进行“加工与提炼”实现数据的“增值”。

与此同时，不同院校开设的大数据管理与应用专业也存在差异(表3-2)。以第一批开设该专业的五所院校为例，除西安交通大学和哈尔滨工业大学外，其他三所均为财经大学(东北财经大学、南京财经大学和贵州财经大学)。

表3-2　不同院校开设大数据管理与应用专业情况

院校	南京财经大学	西安交通大学	哈尔滨工业大学
开设院系	信息工程学院	管理学院	经济与管理学院
人才培养目标	旨在培养德、智、体、美全面发展，具备良好科学精神和工程素养，具有良好的数据科学基础，掌握面向大数据环境的数据处理和分析方法、面向电子商务数据管理方向的管理科学专业知识，具有较强的大数据管理能力和技术应用能力，熟悉现代电子商务领域的各项大数据管理工作，能够承担各级各类组织机构特别是政府管理部门和电子商务环境下企业的大数据管理应用工作的复合型、应用型高级专门人才	旨在培养掌握管理学基本理论，熟悉现代信息管理技术与方法，善于利用大数据分析技术对商务数据开展定量分析，并实现智能化商业决策的复合型人才。坚持“厚基础、宽知识、重思想、重创新、重实践”的培养理念，采取因材施教的模式，采用全新的课程教学体系，培养具有国际视野、创新意识、实践能力及领导潜质的高级管理人才	致力于培养知识、能力、素质全面发展，系统掌握经济管理基础理论、大数据分析方法和管理技能，具有创新意识、实践能力和国际视野的经济管理创新人才。具体目标包括：(1)掌握经济管理基础理论和现代信息管理理论；(2)掌握常用的大数据分析方法以及相关前沿理论知识；(3)熟练使用量化分析工具和商业应用软件；(4)具有良好的大数据管理能力和商业伦理道德观；(5)具备批判性思维和可持续学习能力

续表

院校	南京财经大学	西安交通大学	哈尔滨工业大学
主干课程	大数据安全管理、大数据分析方法、大数据存储与处理、信息检索原理(双语)、数据挖掘、管理运筹学(双语)、电子商务与网络经济学、现代电子商务网站设计与管理、网络信息资源检索、计量经济学、推荐系统导论(双语)、大数据可视化、Python 及大数据分析应用、商务智能与R语言等	以管理学大类课程为基础,增设大数据分析技术、统计机器学习、商业人工智能、社交网络与文本分析、数据可视化、数据质量与数据治理、商业模式分析等核心课程,培养学生扎实的理论基础和宽阔的知识视野。在综合实践方面,通过开设案例分析、上机实践、团队学习、生产实习等综合实践和实训环节,培养学生良好的沟通协作、分析问题、解决问题的能力	微观经济学、宏观经济学、管理学基础、运筹学、应用统计、计量经济学、商务数据分析、多元统计分析与R建模、时间序列分析方法、人工智能与机器学习、大数据基础设施、面向对象程序设计、数据库系统、数据仓库与数据挖掘、文本分析与文本挖掘、网络社会媒体营销分析、量化金融方法等
就业方向	学生毕业后可在各级各类组织机构,如电子商务企业、政府管理部门从事大数据管理、数据分析、信息资源管理和管理决策等工作,亦可在相关院校和研究部门从事教学、科研等工作	毕业生可到国内外著名高校、研究所继续深造,开展商业分析、数据科学等方向的研究,也可到企事业单位的数据分析部门从事数据分析、商业决策支持等工作	—

信息来源:上述三所高校官方网站

从表中可以看到,根据专业所在学院以及学校类别,该专业在培养目标和主干课程方面也存在些许差别。

二、大数据行业发展的时代需求

大数据管理与应用专业本身是一门学科边缘交叉专业,强调大数据技术与经济管理知识相结合,培养具备大数据分析技术、大数据应用技术、大数据架构系统开发、数据科学研究和应用能力的高级专门人才。

管理学科背景下的大数据管理与应用专业与其他学科的相关专业既有联系又有区别。数学学院的相关专业主要从数学理论方面介绍大数据分析需要的数学理论和知识，计算机学院的相关专业注重大数据分析的工程化实践，培养学生的工程实践能力，而管理学科下的大数据管理与应用专业主要培养同时掌握大数据分析、商业与管理的复合型人才，注重培养学生运用大数据技术开展商业数据分析和解决复杂商业决策问题的能力。因此，在要求学生掌握大数据分析理论与技术的同时，注重对现代商业与管理知识的学习，强调培养学生将所学理论知识应用于解决实际商业问题的能力，通过复合型人才的培养模式适应社会对人才的新要求。

以《教育部管理科学与工程类教学质量国家标准(2018 年)》对大数据管理与应用专业提出的知识、能力和素质培养要求为基本依据，构建出培养目标和课程的分析类目(表 3－3)。

表 3－3　大数据管理与应用专业的培养目标和课程的分析类目

培养目标	培养目标细分	典型条目
知识	数据底层技术	扎实的数据分析基础，掌握数据科学的研究方法，了解数据隐私和安全，熟练掌握大数据采集、处理、存储、分析与应用相关知识和技能，掌握面向大数据环境的数据处理和分析方法，会应用数据建模与决策分析相关技术
	经济与管理	具备现代管理和信息经济的理念，良好的人文、社会科学和管理学与经济学理论基础，掌握经济学、管理学、统计学基础理论，掌握信息科学、经济金融、电子商务、商务管理等领域知识，熟悉财经领域的相关知识
	大数据管理	掌握系统的大数据管理与应用的专业知识，了解国内外大数据管理与应用的发展动态和前景；了解大数据技术应用框架与其生态系统；具有扎实的大数据管理基础理论和专业知识；熟悉现代电子商务领域的各项大数据管理工作；掌握数据治理、人工智能等领域的基础理论和技术方法

续表

培养目标	培养目标细分	典型条目
能力	数据底层技术	能够利用探索性数据挖掘技术对数据进行数据分析架构设计与建模，并能利用现代统计理论与数据可视化方法进行系统化分析；善于利用商务数据去智能定量化分析；大数据应用场景分析能力；善于利用海量数据进行定性与定量结合的系统分析
	经济与管理	在各行业为政府机构和企事业单位实现智能化决策，解决商务领域中的决策与管理等问题的能力，具有获取知识、应用知识和管理创新等能力，解决管理领域的现实问题，善于利用数据手段分析解决管理问题、实现管理优化
	大数据管理	能够分析和解决海量数据管理问题；商务智能决策数据环境建设；能从事大数据管理系统研发及架构设计工作；具有较强的大数据管理能力和技术应用能力，熟悉行业领域的大数据管理工作；能够承担各级各类组织机构特别是政府管理部门和电子商务环境下企业的大数据管理应用工作
素质	专业素养	培养具有现代经营管理理念、大数据思维的人才，具备良好科学精神和工程素养，培养有潜力成长为具有系统化思维和战略眼光的高级管理人才，培养具备行业前瞻性理念的人才，培养“懂数据、懂技术、懂业务、懂管理”的复合型人才，满足大数据和互联网＋时代的数据管理需求的高素质技术人才，培养具有系统化管理理念和较高管理素质的“数据分析师”
	宏观层次的本科	德智体美劳全面发展，高素质创新型人才，具有高度社会责任感，适应国民经济和社会发展需要，应用型高级专门人才，具备良好的科学素质和自主学习能力、具有一定的创新能力和领导潜质，具备国际化视野和战略思维

资料来源：赵星，俞晓婷，万玲玉. 新文科背景下大数据管理与应用专业培养特征的内容分析[J]. 图书与情报，2020(6)：26－34，92.

从已有的相关类似专业建设情况来看，该专业主要以计算机、数学和统计等学科为基础，将传统数据处理方法放在大数据环境下，培养学生进行现代企业和政府等组织的管理变革和改进工作的能力，通过以行业应用结合为基础的实践锻炼，促进学生综合利用相关理论知识和应用相关技术。因为和很多学科存在着较大的交叉关系，数据科学课程设置一直都存在着广度和深度的设置平衡问题，这种问题往往是具有跨学科性质的专业都普遍面临的问题。有学者提出按照大数据处理流程为思路的课程设计体系，综合考虑学习进度和课程内容进度的深度融合（表 3-4）。

表 3-4　大数据管理与应用专业核心课程内容及其相互关系

流程	具体课程	理论教学	实验教学	实验应用结合
基础	计算机基础、程序设计语言基础、数学和统计学	计算机基础、程序设计语言基础、数学、统计学	虚拟化、Linux、Hadoop 集群环境安装部署	—
大数据获取	大数据获取、信息检索	数据抓取、数据抽取、数据预处理（数据清洗、数据集成、数据交换、数据规约）等	Python 分析、Sqoop 数据导入导出工具、Flume 数据采集	舆情抓取
大数据存储	数据库系统原理、数据结构、大数据存储与处理	键值数据库、图数据库、列族数据库、文档数据库、HDFS，NewSQL 数据库等	HBase 分布式数据库、Hive 数据仓库、Redis 内存数据库	微博信息存储
大数据处理	大数据处理、分布式计算框架、云计算	MapReduce、Hadoop、Spark 等分布式计算方式	MapReduce 并行计算、Spark 内存计算、Kafka 消息队列	推荐系统
大数据分析	数据挖掘、数据分析、大数据分析方法、通缉犯分析、商业智能、大数据可视化	大数据分析技术、分析预测模式、大数据分析应用、商务智能、案例研究	Python 分析、R 语言分析、大数据可视化工具	互联网用户行为分析，大数据营销

续表

流程	具体课程	理论教学	实验教学	实验应用结合
大数据微观管理	大数据管理、大数据经济学、大数据安全管理	大数据企业管理、竞争情况、商业价值、大数据经济、大数据咨询等	大数据管理工具(Oracle、Microsoft、东软等)	基于大数据的生产管理、销售管理、客户关系管理、财务管理、供应链管理和人力资源管理等
大数据宏观管理	大数据战略决策、大数据隐私、大数据素养、互联网创新、产业转型(智能制造、现代农业、智慧能源、智能医疗、数字教育)			

上述培养目标和方案具有普适性,而细化到各个行业还需要加以调整。以流行病学为例,由于样本局限、统计误差等原因,仅依据医院采集的相关就诊数据难以及时控制疫情的发展。以搜索数据和地理位置信息数据为基础,分析不同时空尺度的人口流动性、移动模式和参数,进一步结合病原学、人口统计学、地理、气象和人群移动迁徙、地域之间因素和信息,可以建立流行病时空传播模型,确定流行病在各个区域传播的时空录像和规律,得到更加准确的态势预测。再譬如,智慧医疗的实现是基于对各类医疗信息资源的整合,构建邀请目录数据库、居民健康档案数据库、检验数据库、医疗人员数据库、医疗设备数据库等等,医生可以随时查阅病人的病史、治疗记录、转诊流程和保险情况,随时随地快速制订诊疗方案。因此,具备医学知识对于解决医疗、健康和卫生领域的大数据分析及应用问题具有重要意义。

在此背景下,医药院校开设“大数据管理与应用”专业势在必行。以“强化通识基础、突出特色应用”为核心,强调“问题提出—数据采集—数据存储—数据管理—数据挖掘—问题解决”的全过程培养理念,为企事业及政府部门提供商务分析和管理决策的服务能力,同时,依托学校中医药“双一流”建设学科,推动大数据产业发展与智慧医疗、大健康体系建设有机融合。

第二节　大数据与医药、卫生行业的集成优势

一、彰显中医药行业特色

（一）响应医药卫生领域对大数据人才的需求

早期的大数据教育以大数据技术为主，而随着大数据与传统行业的结合不断深入，大数据教育开始体现行业特征。目前，大数据在生物医学领域得到了广泛的关注。在流行病预测方面，大数据彻底颠覆了传统的流行病预测方式，使人类在公共卫生管理领域迈上了一个新台阶。在智慧医疗方面，通过建立健康档案区域医疗信息平台，利用最新的物联网技术和大数据技术，实现患者、医护人员、护理和保险服务。在医疗诊断方面，循证医学的成功证明了数据决策的价值，大数据使诊断预测更加准确。同时，依托大数据开展特定疾病患者分布情况分析，解释可能对健康产生影响的社会因素和环境因素，帮助人们更好地进行健康管理。在生物医学方面，大数据使人们可以利用现有的数据科学知识更加深入地了解生物学过程。

前瞻产业研究院的《全球健康医疗大数据行业发展前景预测与投资战略规划分析报告》显示，随着医疗卫生信息化建设进程的不断加快，我国医疗数据的类型和规模正在以前所未有的速度迅猛增长，2019 年我国医疗大数据解决方案市场规模达 105 亿元，预计到 2024 年我国医疗大数据解决方案市场规模将增加至 577 亿元，2014—2019 年复合增长率高达 40.5%。未来，通过大数据在医疗行业的应用，能够从体系搭建、机构运作、临床研发、诊断治疗等多方面为我国医疗事业的发展带来变革性的改善。若仅仅学习大数据相关知识，将难以满足上述交叉领域的发展需求。在“健康中国”时代背景下，培养具备医疗行业知识背景的大数据人才十分迫切。

（二）充分发挥高校医药、卫生教育资源优势

南京中医药大学是江苏省人民政府与国家中医药管理局共建高校，学校于 2017 年入围国家“双一流”建设高校和江苏高水平大学建设高校，

2018 年成为教育部和江苏省共建“双一流”建设高校。学校现有国家重点学科 3 个，国家重点（培育）学科 2 个，江苏高校优势学科 4 个，江苏省品牌专业 3 个，江苏省重点学科 10 个，国家中医药管理局中医药重点学科 33 个。学校是全国首批博士学位、硕士学位授予单位，有中医学、中药学、中西医结合、护理学 4 个一级学科及中医 1 个专业学位博士学位授权点，11 个一级学科硕士学位及 5 个专业硕士学位授权点，3 个博士后科研流动站。在全国第四轮学科评估中，中医学、中药学、中西医结合三个主干学科均进入 A 类。临床医学、药理学与毒理学 2 个学科进入 ESI 全球排名前 1%。

“大数据管理与应用”专业所在的卫生经济管理学院是以卫生管理、卫生政策为特色的学院，致力于培养现代国际型、应用型、复合型的医药卫生行业管理高级专门人才。学院以中医药学科为支撑，形成医药行业定位和专业特色，以现代经济、管理、法学、数据科学为基础，构建学生的专业核心能力。学院现设有公共管理、电子商务、信息管理与信息系统、药事管理、健康服务与管理、劳动与社会保障等 8 个本科专业和公共管理硕士学位点。通过多年办学实践发展，各专业间形成“交叉渗透、协同发展”的专业建设格局和专业群落。

“大数据管理与应用”专业依托学校“双一流建设”与特色学科（中西医临床医学、中医学、中药学）的优质医疗教育资源和卫管学院特色专业的办学经验，引导学生在医药卫生、健康、管理科学与工程等学科框架内开展特色化实践，形成服务于医药行业智能化发展的业务理解能力和综合分析能力。面向海量医疗、卫生数据，以挖掘大数据医疗和健康价值为核心，重点培养学生利用相关理论、方法与技术进行大数据采集、整合、分析和利用，以及为企事业及政府部门提供经济分析和管理决策的服务能力。

（三）助力中医药与大数据深度结合

在 2018 年 12 月 15 日召开的世界中医药学会联合会中医药大数据产业分会成立大会上，与会专家表示，中医药要想更高层面走向世界，需要有大数据的支撑。基于互联网大数据衍生的云计算乃至人工智能等新技术、新产品与中医药结合，中医药现代化正在加速实现跨越式发展。一方面，通过大数据挖掘技术和人工智能技术，将知名老中医的诊疗思想、辨证逻辑和处方经验进行整合，形成在线的中医药辅助学习和辅助诊疗系统，使更多普通医师能够进一步融入名老中医的思维过程，帮助普通医生提升诊疗能力。另一方面，基于系统统计研究的循证医学正在快速发展，大数据正是其基础，中医药循证医学可以为中医药学证明自身的医学价值、跻身于世界科学体系提供舞台和机会。截止到 2020 年，已开设大数据管理与应用专业的 82 所高校中，已有研究抽取 64 所院校的培养目标，结合大学分类标准，得到调研院校的类型分布如表 3－5 所示。从表中可以发现，医药类大学仅有 1 所。

表 3－5 调研院校的类型汇总表

学校类型	数量/所	学校类型	数量/所
财经类	12	医药类	1
财经政法类	1	应用	1
理工类	27	语言类	3
农林类	1	综合类	15
师范类	3	总计	64

资料来源：赵星，俞晓婷，万玲玉．新文科背景下大数据管理与应用专业培养特征的内容分析[J]．图书与情报，2020(06)：26－34.

南京中医药大学是全国建校最早的高等中医药院校之一，创建于 1954 年。建校之初，学校即为新中国高等中医药教育培养输送了第一批师资，编撰、制订了第一套教材和教学大纲，为新中国高等中医药教育模式的确立和推广做出了开创性贡献，被誉为“中国高等中医教育的摇篮”。学校拥有丰富的中医药领域师资、图书信息资料和实验设备。在此客观条件下，开办有中医药特色的大数据管理与应用专业，向学生传授一般大数据管理知识的同时突出中医药特色。将大数据知识和中医药知识有机结合，让学生在掌握大数据理论的基础上，把握医药大数据的规律和特点，培养出复合型的中医药大数据管理及技术人才，凸显中医院校的资源优势和品牌效应，助力中医药与大数据的协同发展。

目前中医药院校中开设大数据管理与应用专业的仅有北京中医药大学和南京中医药大学两所院校，人才培养目标和方案如表 3－6 所列，两所学校都充分考虑了医药知识的专业教育，是培养兼具大数据处理能力和医药行业知识的复合型人才不可忽视的重要部分。专业的多交叉边缘属性形成了复合型人才的培养模式，着重培养熟悉医疗卫生领域（尤其是中医药领域）的数据特点、系统掌握中医药大数据管理的技术与方法的人才，突出宽口径的数据科学技术与医药行业的结合应用。

表 3-6　中医院校大数据管理与应用人才培养方案

院校	北京中医药大学	南京中医药大学
开设院系	管理学院	卫生经济管理学院
人才培养目标	旨在培养具有良好的数据科学思维，具有扎实的数据分析基础，熟悉医疗卫生领域特别是中医药领域的数据特点，系统掌握中医药大数据管理的技术与方法，掌握数据科学、医学、管理学的基本理论和方法，能够在医疗卫生行业、健康产业、国家卫生行政管理以及互联网企业等部门从事医疗大数据管理、应用和决策分析的复合应用型人才	旨在培养具有现代管理科学思想，具备一定的医药行业知识，掌握管理学理论，熟悉大数据平台与技术，能熟练运用大数据处理技术与大数据分析方法对商务、健康管理、医药等各行业大数据进行量化分析，并实现智能化管理与决策的复合型人才
培养要求	1. 掌握一定的中医学、现代医学和医学信息学的基本理论、基础知识和基本技能。 2. 掌握中医药大数据分析所需的数学、统计学、数据科学、管理学和经济学基础理论。 3. 熟练掌握统计、机器学习、数据挖掘和大数据分析等专业技术、方法和工具，具备应用专业技能进行中医药大数据管理、分析、建模和决策的能力。 4. 了解国内外大数据管理与应用发展的动态和前沿，具备国际视野。 5. 具有较强的英语听、说、读、写能力，具备阅读专业外文文献及应用英语进行专业学术交流的基本能力。 6. 具有终身学习意识，运用信息技术获取数据科学领域前沿科技与知识，自主学习，不断探索，持续提高自己的能力。 7. 具有人文精神、科学素养和职业道德，具有创新意识和初步创新能力，具备较强的协调能力和团队合作精神	1. 知识结构要求：(1) 掌握高等数学、概率论与数理统计、线性代数、统计学、英语等基础理论知识，(2) 掌握管理学基本理论和基础知识，(3) 掌握大数据分析方法与可视化技术，(4) 掌握计算机科学与技术的相关理论与方法，(5) 熟悉大数据采集、存储与处理技术，(6) 熟悉文献检索、资料查询的基本方法，(7) 了解医药学基础知识，(8) 了解大数据管理前沿知识及其发展动态。 2. 能力结构要求：(1) 具有文献检索、资料查询的基本技能，具备一定的科学研究能力，(2) 具有运用大数据技术与方法解决实际管理问题的能力，(3) 具有良好的文字表达与人际沟通能力，(4) 具有在商务、卫生事业、医疗健康、医药等领域从事大数据管理工作的能力，(5) 具有较强的英语听、说、读、写能力，能借助工具书阅读专业英语书刊，(6) 具有进一步自主获取知识的能力。 3. 素质结构要求：(1) 具有良好的思想道德品质，(2) 身心健康，(3) 具有正确的世界观、人生观和价值观，(4) 具有良好的职业素质

续表

院校	北京中医药大学	南京中医药大学
主要课程	医学基础课：现代医学基础概论、医学信息标准、医学信息系统、临床流行病学、社会医学。 专业基础课：专业导读课、管理学原理、管理心理学、信息管理基础、管理认知模拟实验课、程序设计基础、中医学概论、经济学、线性代数等。 专业课：面向对象程序设计(Java)、数据库原理与应用、离散数学、网络与数据安全、数据结构、医学统计学、大数据基础概论、大数据平台搭建实践、大数据采集与管理、机器学习、大数据处理与分析数据可视化等	医学基础课：中医学概论、基础医学概论、临床医学概论、药学概论。 经管基础课：专业导论、管理学、大数据与公共管理、大数据与企业管理、运筹学、管理预测与决策、博弈论、经济学、卫生经济学、网络经济学。 专业课：C 语言程序设计、Python 程序设计、数据结构、大数据管理概论、统计学与应用软件、R 语言与大数据分析、自然语言处理、数据可视化技术、大数据营销、大数据治理、大数据技术与管理、数据挖掘与机器学习、大数据安全管理、健康医疗大数据管理、医药商务大数据管理等

二、建设医药特色课程体系

要突出大数据管理与应用专业的医药特色，首先应建立突出医药特色的课程体系。依据模块化教学理念，专业课程体系可以分为通识教育必修课程模块、管理学基础课程模块、经济学课程模块、计算机科学与技术课程模块、医药基础课程模块、大数据管理与应用专业基础课程模块和大数据管理与应用专业模块。其中医药类课程模块（包括中医学概论、基础医学概论、临床医学概论和药学概论）均为专业必修考试课，约占专业必修课程学分的 21%。

在大数据管理与应用专业课程模块中设置医药类大数据应用和分析课程，包括健康医疗大数据管理、医药商务大数据管理、医药大数据采集与管理实训以及医药大数据分析与处理实训等课程，充分结合医药行业特色，提高学生们的综合素质和专业能力，此类课程占必修课程总学分的 8.6%。此外，在管理学和经济学基础课程模块中，也结合公共管理和卫生管理背景，开设相关课程，包括大数据与公共管理、大数据与企业管理和卫生经济学。

专业课程体系课程设置为：通识教育类、专业基础课、专业课和融合创新课四个大类。其中通识教育类与一般院校大数据管理与应用专业的课程设置基本没有区别，医药特色在专业基础课、专业课和融合创新课方面都有所体现。

第三节　大数据理论与大数据应用实践的集成优势

《中国互联网发展报告(2021)》显示，我国在 2020 年大数据产业规模达到了 718.7 亿元。未来，随着大数据技术和应用的持续爆发，以及 5G 和物联网等相关技术的成熟，大数据产业将持续保持高速增长的势头。当前，我国大数据产业发展成效显著，应用创新不断，在制造、金融、电信、政务、医疗、教育等众多领域，大数据应用需求越发强烈。大数据应用人才培养需要注意以下两方面的工作：

一方面，根据医药行业特色和人才需求，需制定并不断优化培养方案和教学计划，加强理论教学与实验、实践、实训教学，注重培养学生的实践能力和创新意识，形成科学、规范的培养方案。突出实践创新能力和实践技能的培养，主要通过课程实验、综合设计、社会实践等形式切实提高学生的创新实践能力，培养学生良好的业务理解能力、敏锐的观察力和数据分析能力，掌握如何利用大数据技术去完成经济管理活动的各种数据分析与决策。

另一方面，推动先进的大数据实验室建设和行业特色实习基地建设，改善实验实训条件，优化资源，提供实践保证。建立健全各种管理制度，使学生素质、能力同步提高，为政府部门、卫生机构、平台型互联网公司、国内外大中型医药企业输送一批懂数据、懂医药、懂管理的复合型现代管理人才。

总体而言，前者强调学习过程中实践环节的嵌入，后者突出培养过程中企业的参与。

一、大数据学科特征要求理论与实践结合

信息技术快速发展，各类业务数据呈现爆发式增长，传统信息处理技术难以满足其搜集、存储、分析和应用的需求。非结构化或半结构化的数据特征，引发了大数据相关技术的蓬勃发展。随着大数据相关的基础设施、产业应用和理论体系的发展与完善，大数据已被广泛了解，从概念推广的阶段转入应用落地的阶段。随着各个行业与大数据的结合不断深入，隐藏于海量数据中的行业信息和知识被挖掘出来，为社会各类经济活动提供参考。掌握大数据的理论知识和处理技术，具备大数据的管理与应用能力是本专业重要的培养目标。

据此，大数据管理与应用专业旨在培养德、智、体、美全面发展，具备良好科学精神和工程素养，具有良好的数据科学基础，掌握面向大数据环境的数据处理和分析方法，具备包括扎实的管理学科基本理论和知识、数据思维的科学思维能力、解决数据密集型等问题的动手能力，以及大数据分析与挖掘、大数据应用研究能力，能运用大数据分析方法与管理技术对运营管理、组织管理和技术管理中的问题进行分析、决策，为企事业及政府部门提供数据分析和管理决策的高素质复合型管理人才。学生毕业后可在各级各类组织机构，如电子商务企业、政府管理部门进行商务分析、量化管理和辅助决策，从事大数据管理、数据分析、信息资源管理和管理决策等工作，亦可在相关院校和研究部门从事教学、科研等工作。

具体包括以下三个方面：

（一）设计丰富的课程实验环节

在大数据管理与应用专业的专业课中，已安排实训或实验的课程包括Python程序设计、C语言程序设计、Java程序设计、计算机网络、大数据库管理与应用、大数据技术与管理、数据挖掘与机器学习、数据结构、自然语言处理等，此外，一些管理学类课程也安排了实验教学环节，包括统计学与应用软件、大数据与企业管理、健康医疗大数据管理、医药商务大数据管理等。在安排理论知识学习的同时，设计实验环节提升学生的实践能力。

（二）开展大数据管理的见习与实训活动

一方面，安排医药大数据采集与管理实训和医药大数据分析与处理实训，引入项目式学习（project based learning，PBL），通过教师的引导激发学生们的内驱力，让学生们主动探索医药、卫生和健康领域的问题和挑战，在这个过程中掌握行业大数据管理与分析的知识和技能。

另一方面，到医院以及医药企业等大数据管理部门参观交流，以多种学习形式展开有针对性的实践调研，形成综合的实践报告。了解大数据管理的一般程序和方法，学会撰写调查报告。

（三）开展毕业实习（含设计与论文）

通过毕业实习加深对本专业知识的理解，加强理论联系实际，有针对性地锻炼学生观察问题、分析问题和解决问题的能力，促进学生将所学理论与实践相结合，提高大数据综合管理与应用能力，培养学生良好的大数据技能和职业素质。

主要内容包括：① 收集毕业论文相关资料，了解实习单位的组织机构，尤其是与大数据相关的组织机构的设立及其职责权限的划分情况。② 参与实习单位的数据处理过程，了解实习单位的大数据处理流程。③ 参与实习单位的大数据平台的设计与管理应用活动。④ 分析总结实习单位在大数据管理与应用工作中的经验与不足，并试着应用专业知识提出可行的完善提高方案。

毕业实习时间安排在第八学期，合计 12 周，以医药卫生领域企事业单位的大数据管理实践为主，采取学校联系和个人联系相结合的方法落实实习单位。

二、大数据行业特征要求高校与企业合作

校企合作能够帮助学生了解医药行业，理解社会经济、商业运营的基本逻辑，能够培养出行业知识和专业技能融合互通的集数据分析技能和管理能力为一体的综合性人才，填补医疗行业大数据管理应用人才的缺口。

目前，南京中医药大学拥有 3 家直属附属医院、26 家非直属附属医院、

4家中西医结合临床医学院和3所附属制药企业，各类教学及毕业实习基地逾百所。学校是国务院和文化部首批命名的“全国古籍重点保护单位”，是中国中医药文献信息检索中心南京分中心。学校现拥有中医药信息研究所、中医药大数据联合实验室以及中医药数据分析中心等与大数据专业紧密相关的机构。在学校资源基础上，卫生经济管理学院拥有专业实验中心1个，专业实验室4个，教学实验室面积达400 m^2，拥有沙盘模拟、电子商务、企业管理等实验软件10余套，并拟与云创大数据公司、苏伦科技合作建设大数据教学及数据分析实验平台，充分利用实习基地和相关实验室，将在医疗健康数据、实践案例、实训项目等多方面助力学校培养学生的实践应用技能，以满足大数据管理与应用专业的理论和实践教学需要。

同时，南京中医药大学卫生经济管理学院拥有多家教学实习基地，与本专业紧密相关的教学实习基地达12个。结合大数据市场需求情况及医药院校办学特色，有针对性地与江苏省中医院等学校附属医疗单位及中国电科二十八所信息系统工程重点实验室、泰兴市人才科技市场、南京云创大数据科技股份有限公司、南京嘉环科技有限公司苏州分公司、无锡德光智和科技有限公司、江苏惠泽信息技术有限公司、上海普达计算机科技有限公司、上海斑贝科技有限公司、上海高达鑫软件系统有限公司、青岛蓝晖网络科技有限公司、威海云众电子商务有限公司、深圳宁泽金融科技有限公司等一系列信息科技企业签订了办学合作协议。通过与大数据相关企业进行合作，以社会需求为导向，理论联系实际，产、学、研深度融合、互惠发展。此外，尝试实行校内和校外“双导师”制的新型人才培养机制，以学生为主体，由学校、企业和研究机构协同完成培养任务，全程参与培养过程的开放式培养模式。

参考文献

[1] 张永亮，刘子昂. 大数据专业国内外建设现状与发展特征分析[J]. 科技风，2021(3)：125-126.

[2] 赵星，俞晓婷，万玲玉. 新文科背景下大数据管理与应用专业培养特征的内容分析[J]. 图书与情报，2020(6)：26-34，92.

[3] 李树青，曹杰，刘凌波. 大数据管理与应用专业建设路径思考[J]. 黑龙江教育(高教研究与评估)，2020(1)：25 - 29.

[4] 王道平，陈华. 大数据导论[M]. 北京：大学出版社，2019.

[5] 大数据助力产业化，让中医药走向世界[EB/OL]. [2018 - 12 - 20]. http://www.xinhuanet.com/video/2018-12/20/c_1210020284.htm

>>>>>>> 第四章

大数据采集与存储

当今,发展普及大数据技术,提高大数据管理与应用能力,提升大数据思维和文化意识已成为各国新的竞争着眼点。2015 年我国政府向社会公布了《促进大数据发展行动纲要》,把大数据上升到国家战略的地位。《纲要》明确提出了大数据基本概念:大数据是以容量大、类型多、存取速度快、应用价值高为主要特征的数据集合,正快速发展为对数量巨大、来源分散、格式多样的数据进行采集、存储和关联分析,从中发现新知识、创造新价值、提升新能力的新一代信息技术和服务业态。大数据开启了一个大规模生产、分享和应用数据的时代,它将给各行各业带来巨大的变化。

大数据领域已经涌现出了大量新的技术,它们成为大数据采集、存储、处理和可视化的有力武器。大数据处理关键技术一般包括:大数据采集、大数据预处理、大数据存储及管理、大数据分析及挖掘、大数据可视化和应用等多环节。而大数据高质量采集和高效存储管理则是大数据处理与分析的基础,也是制约大数据技术发展的关键因素。

第一节　大数据采集

社会各机构、部门、公司、团体等正在实时产生大量的信息，这些信息需要以简单的方式进行处理，同时又要十分准确且能迅速满足各种类型的数据和信息需求者。这就给我们带来了许多挑战。第一个挑战就是大量的数据中采集需要的数据。数据采集是所有数据系统必不可少的第一步，随着大数据越来越被重视，数据采集的挑战也变得尤为突出。大数据采集是指从传感器和智能设备、企业在线系统、企业离线系统、社交网络和互联网平台等获取数据的过程。

一、大数据的来源

在大数据体系中，传统数据分为业务数据和行业数据，传统数据体系中没有考虑过的新数据源包括内容数据、线上行为数据和线下行为数据 3 大类。因此，在传统数据体系和新数据体系中，数据共分为以下 5 种。

业务数据：消费者数据、客户关系数据、库存数据、账目数据等。

行业数据：车流量数据、能耗数据、空气质量数据等。

内容数据：应用日志、电子文档、机器数据、语音数据、社交媒体数据等。

线上行为数据：页面数据、交互数据、表单数据、会话数据、反馈数据等。

线下行为数据：车辆位置和轨迹、用户位置和轨迹、动物位置和轨迹等。

传统数据普遍具有一定的结构，属于结构化数据，而新数据源则包含了更多的非结构化数据，无论是传统数据还是新数据，其来源主要包括以下三个途径。

商业系统：商业数据是指来自于企业 ERP 系统、各种 POS 终端及网上支付系统等业务系统的数据，是现在最主要的数据来源渠道。

互联网系统：互联网数据是指网络空间交互过程中产生的大量数据，包括通信记录及 QQ、微信、微博等社交媒体产生的数据，其数据量大，具有多样性和快速化等复杂特点。

物联网系统:物联网是指在计算机互联网的基础上,利用射频识别、传感器、红外感应器、无线数据通信等技术,构造一个覆盖世界上万事万物的"物物相连的互联网络"。来自物联网的数据采集更加自动化,其数据量更大,传输速率更高,数据更加多样化,而且对数据真实性的要求更高。

二、大数据采集的需求和方法

(一) 传统数据采集与大数据采集的区别

信息化使得各行各业在结构化数据的采集和使用上得到了发展,而大数据技术则给更多的潜在数据带来了采集和利用的可能。大数据采集是在传统数据采集基础上的飞跃。二者的主要区别体现在表 4-1 中。

表 4-1 传统数据采集与大数据采集的区别

类目	传统的数据采集	大数据的数据采集
数据来源	来源单一,数据量小	来源广泛,数据量巨大
数据类型	结构单一	数据类型丰富
数据处理	关系型数据库和并行数据仓库	分布式数据库

(二) 传统数据采集的不足

传统的数据采集来源单一,且存储、管理和分析的数据量也相对较小,大多采用关系型数据库和并行数据仓库即可处理。对依靠并行计算提升数据处理速度方面而言,传统的并行数据库技术追求高度一致性和容错性,难以保证其可用性和扩展性。

大数据环境下数据来源非常丰富且数据类型多样,存储和分析挖掘的数据量庞大,对数据展现的要求较高,并且很看重数据处理的高效性和可用性。同时大数据的采集过程的主要特点和挑战是并发数高,因为同时可能会有成千上万的用户在进行访问和操作。例如,火车票售票网站和淘宝的并发访问量在峰值时可达到上百万,所以在采集端需要部署大量数据库才能对其进行支撑,并且,如何在这些数据库之间进行负载均衡和分片是需要深入思考和设计的。因此传统数据采集方法难以满足大数据采集的需要。

（三）大数据采集方法

根据数据源的不同，大数据采集方法也不相同。但是为了能够满足大数据采集的需要，大数据采集时都使用了大数据的处理模式，即 MapReduce 分布式并行处理模式或基于内存的流式处理模式。针对四种不同的数据源，大数据采集方法有以下几大类。

1. 数据库采集

传统企业会使用传统的关系型数据库 MySQL 和 Oracle 等来存储数据。随着大数据时代的到来，Redis、MongoDB 和 HBase 等 NoSQL 数据库也常用于数据的采集。企业通过在采集端部署大量数据库，并在这些数据库之间进行负载均衡和分片来完成大数据采集工作。

2. 系统日志采集

系统日志采集主要是收集公司业务平台日常产生的大量日志数据，供离线和在线的大数据分析系统使用。高可用性、高可靠性、可扩展性是日志收集系统所具有的基本特征。系统日志采集工具均采用分布式架构，能够满足每秒数百兆的日志数据采集和传输需求。很多互联网企业都有自己的海量数据采集工具，多用于系统日志采集，如 Hadoop 的 Chukwa，Cloudera 的 Flume，Facebook 的 Scribe 等。

3. 网络数据采集

网络数据采集是指通过网络爬虫或网站公开 API 等方式从网站上获取数据信息的过程。网络爬虫会从一个或若干初始网页的 URL 开始，获得各个网页上的内容，并且在抓取网页的过程中，不断从当前页面上抽取新的 URL 放入队列，直到满足设置的停止条件为止。这样可将非结构化数据、半结构化数据从网页中提取出来，存储在本地的存储系统中。它支持图片、音频、视频等文件或附件的采集，附件与正文可以自动关联。除了网络中包含的内容之外，对于网络流量的采集可以使用 DPI 或 DFI 等带宽管理技术进行处理。

4. 感知设备数据采集

感知设备数据采集是指通过传感器、摄像头和其他智能终端自动采集信号、图片或录像来获取数据。大数据智能感知系统需要实现对结构化、半结构化、非结构化的海量数据的智能化识别、定位、跟踪、接入、传输、信号转换、监控、初步处理和管理等。其关键技术包括针对大数据源的智能识别、感知、适配、传输和接入等。

5. 其他数据采集方法

对于企业生产经营的客户数据、财务数据等保密性要求较高的数据，可以通过与数据技术服务商合作，使用特定系统接口等相关方式采集。

数据的采集是挖掘数据价值的第一步，当数据量越来越大时，可提取出来的有用数据必然也就更多。只要善用数据化处理平台，便能够保证数据分析结果的有效性，助力企业实现数据驱动。

三、大数据采集软件

（一）Apache Flume

Apache Flume 是一种高可靠高可用的分布式服务，可用于有效地采集、聚合和传输海量的日志数据。它具有基于数据流的简单灵活的体系结构（见图 4－1），具有强大的健壮性和容错能力，提供可调节的可靠性机制以及大量的故障转移和恢复机制。Flume 采用一种简单灵活的 Agent 数据模型，支持在线数据分析。

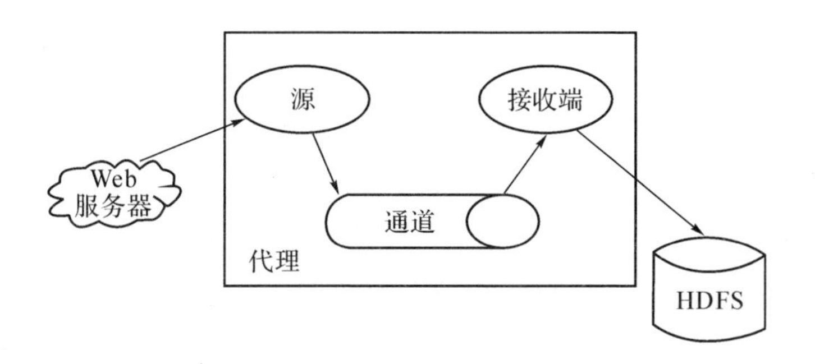

图 4－1　Apache Flume 体系结构

Apache Flume 支持在日志系统中定制各类数据发送方，用于收集各种类型的数据。同时，它提供对数据进行简单处理并写到各种数据接受方的能力。

Flume 最早由 Cloudera 开发，目前由 Apache 基金会管理，其官网地址为 http://flume.apache.org/。

Flume 以事件(event)为数据单元,以代理(agent)为运行核心。作为最小的独立运行单位,代理是一个完整的数据收集工具,它含有三个核心组件:源(source)、通道(channel)、接收端(sink)。通过这些组件,数据可以从一个地方流向另一个地方。

(二) Apache Chukwa

Apache Chukwa 是由 Apache 基金会管理的另一个开源的数据采集平台,它可用于大型分布式系统的数据收集。Chukwa 建立在 Hadoop 分布式文件系统(HDFS)和 MapReduce 框架之上,并继承了 Hadoop 的可扩展性和健壮性。Chukwa 还提供一个灵活且功能强大的工具包,用于显示、监视和分析收集到的数据。

Apache Chukwa 的官网地址为 http://chukwa.apache.org/。目前该项目已停止更新,它的最后一个版本发布于 2016 年 7 月。

(三) 网络爬虫

网络爬虫(web crawler)被普遍用来获取互联网数据。各种网络爬虫软件层出不穷。按编程语言划分,知名的开源爬虫软件包括(但不限于)表 4-2 所示内容。

表 4-2 主要的知名开源爬虫软件

主要使用的编程语言	开源爬虫软件
Python	Scrapy、Pyspider、MechanicalSoup、Portia、BeautifulSoup、Garb、Cola……
Java	Apache Nutch、Heritrix、Crawler4j、Gecco、Spiderman、Webmagic、WebCollector……
Javascript	NodeCrawler、Supercrawler、X-ray、Headless Chrome Crawler、Node-osmosis……
C#/.NET	Abot、Hawk、DotnetSpider……
PHP	Goutte、Dom-crawler、php-spider……
Ruby	Mechanize……
Go	Colly、Pholcus……

Phython 是目前网络爬虫软件领域使用最广泛的编程语言，其旗下的 Scrapy 和 Pyspider 广为人知。Scrapy 的官网地址为 https://scrapy.org/。Pyspider 的官网地址为 https://github.com/binux/pyspider。Pyspider 上手简单，支持基于浏览器页面的图形界面，提供在线爬虫服务，适合较简单的爬虫需求和普通开发者。Scrapy 非常灵活，高度支持定制化，可以实现更加复杂的控制，需要学习的知识较多，适合复杂的爬虫需求和资深开发者，也适合用于学习研究爬虫技术。

（四）Apache Kafka

Kafka 是一个分布式流处理平台。它是由 Apache 软件基金会管理的开源消息中间件项目，该项目旨在为处理实时数据提供一个统一的、高吞吐量的、低延迟的平台。

Kafka 可用于两大类别的应用：

一是构造实时流数据管道，它可以在系统或应用之间可靠地获取数据。

二是构建实时流式应用程序，对这些流数据进行处理。

在大数据采集领域，Kafka 主要是和其他数据收集软件（比如 Flume）协作完成流式数据的实时采集。一方面，Kafka 作为消息缓存，用于解决实时计算框架中由数据采集速度和数据处理速度不匹配带来的数据堆积或丢失的问题；另一方面，Kafka 作为中间件，用于解耦大数据采集和处理的各个组件，使其互不干扰。

Kafka 往往作为一个集群运行在一台或多台服务器上。Kafka 通过 topic 对存储的流数据进行分类。每条记录中包含一个 key（关键字），一个 value（值）和一个 timestamp（时间戳）。

Kafka 有四个核心的 API，分别是 Producer API、Consumer API、Streams API 和 Connector API。

Producer API 允许一个应用程序发布一串流式的数据到一个或者多个 Kafka topic。

Consumer API 允许一个应用程序订阅一个或多个 topic，并且对发布给它们的流式数据进行处理。

Streams API 允许一个应用程序作为一个流处理器，消费一个或者多个 topic 产生的输入流，然后生产一个输出流到一个或多个 topic 中去，在输入输出流中进行有效的转换。

Connector API 允许构建并运行可重用的生产者或者消费者，将 Kafka topics 连接到已存在的应用程序或者数据系统。比如，连接到一个关系型数据库，捕捉表的所有变更内容。

（五）Logstash

Logstash 是一款具有实时流处理能力的开源数据收集引擎。它可以动态整合来自不同来源的数据，对数据进行清洗、过滤和标准化，最终将数据提供给各种下游应用进行分析和可视化展示。

Logstash 由 Elastic 开源社区开发和管理，是该社区 ELK（Elasticsearch, Logstash, Kibana）实时处理平台的重要组成部分。它的官网地址为 https://www.elastic.co/logstash。

虽然 Logstash 最初被设计用来满足日志收集方面的需求，但现在其功能已远远超出了日志收集领域。它支持广泛的输入源和任意的事件类型，并提供了丰富的过滤器和输出插件。另外，其大量的本机编解码器进一步简化了数据提取的过程。

第二节　大数据预处理

从现实世界中采集的数据由于存在一些问题往往不能被直接使用，而要经过大数据的预处理过程才能用来进行数据挖掘。数据预处理能够帮助改善数据的质量，进而帮助提高数据挖掘进程的有效性和准确性。高质量的决策来自高质量的数据。因此数据预处理是整个大数据挖掘与知识发现过程中的一个重要步骤。

一、数据预处理的原因

由于所要进行分析的数据量的迅速膨胀，同时各种原因导致了现实世界数据集中常常包含许多含有噪声、不完整、甚至是不一致的数据，必须对数据挖掘所涉及的数据对象进行预处理，这样才能提高数据处理的质量，降低实际处理所需要的时间。数据预处理主要包括:数据清洗、数据集成、数据转换、数据归约。

从现实世界采集的原始数据大多是"脏"数据,这是因为,这些数据往往存在以下三个方面的问题:

(1) 不完整:不完整数据是缺少属性值。不完整数据的产生有以下几个原因:有些属性的内容有时没有;有些数据当时被认为是不必要的;由于误解或检测设备失灵导致相关数据没有记录下来;与其他记录的内容不一致而被删了等。

(2) 含噪声:噪声数据是指数据中存在错误或异常的数据,如存在偏离期望的离群值,比如"工资数据显示为－2"明显错误的数据。噪声数据的产生原因有:① 数据采集设备有问题,② 数据录入过程中发生了人为或计算机错误,③ 数据传输过程中发生错误,④ 命名规则和数据代码不同而引起的异常等。

(3) 不一致:不一致数据是指数据内涵出现不一致情况。比如某人的"年龄为42"而"出生年月为1992年2月",这样就导致了两个属性值出现矛盾。

我们在使用数据过程中要求数据具有一致性、准确性、完整性、时效性、可信性、可解释性等。这就需要对原始数据进行预处理。由于获得的数据规模太过庞大,数据不完整、重复、杂乱,在一个完整的数据挖掘过程中,数据预处理要花费60%左右的时间。

二、数据预处理的方法

数据预处理的方法主要包括数据清洗、数据集成、数据转换、数据归约等,这些数据预处理方法是相互关联的。大数据预处理的步骤如图4-2。

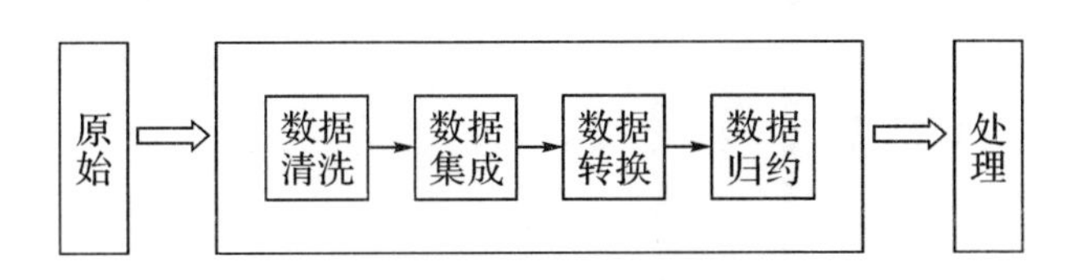

图4-2 大数据预处理的过程

（一）数据清洗

数据清洗是在汇聚多个维度、多个来源、多种结构的数据之后，对数据进行抽取、转换和集成加载。目的在于删除重复信息、纠正存在的错误，并提供数据一致性。

1. 缺失值的处理

（1）忽略元组：有多个属性值缺失或者该元祖剩余属性值使用价值较小时，应选择放弃。

（2）人工填写：该方法费时，数据量小可以做到，数据庞大时行不通。

（3）全局常量填充：方法简单，但有可能会被挖掘程序误解。

（4）属性中心度量填充：对于正常的数据分布而言可以使用均值，而倾斜数据分布应使用中位数填充。

（5）最可能的值填充：使用回归、推理等归纳确定填充值。

2. 噪声数据与离群点

噪声数据是指在测量一个变量时测量值可能出现的相对于真实值的偏差或错误，这种数据会影响后续分析操作的正确性与效果。噪声数据主要包括错误数据、假数据和异常数据。异常数据是指对数据分析结果有较大影响的离散数据。离群点是指数据集中包含一些数据对象，它们与数据的一般行为或模型不一致，也就是说它们是正常值，但与大多数数据偏离。如图 4－3 所示。

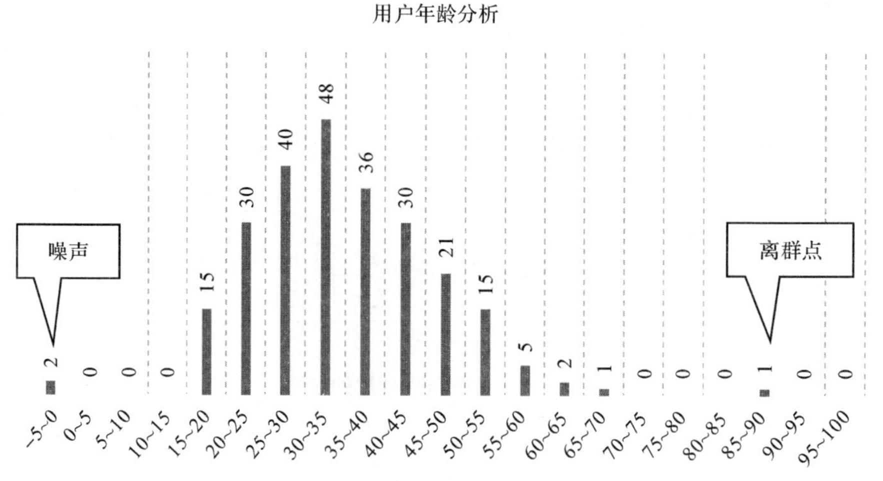

图 4－3　噪声和离群点示意图

噪声数据和离群点的处理方法主要有分箱、平滑处理、聚类以及回归等。

(1) 分箱:所谓"分箱",实际上就是按照属性值划分的子区间,如果一个属性值处于某个子区间范围内,就称把该属性值放进这个子区间所代表的"箱子"内。把待处理的数据(某列属性值)按照一定的规则放进一些"箱子"中,考察每一个"箱子"中的数据,采用某种方法分别对各个"箱子"中的数据进行处理。

① 等深分箱法:每个"箱子"具有相同的记录数,每个"箱子"的记录数称为"箱子"的深度。

② 等宽分箱法:在整个数据值的区间上平均分割,使得每个"箱子"的区间相等,这个区间被称为"箱子"的宽度。

③ 用户自定义分箱法:根据用户自定义的规则进行分箱处理。

(2) 平滑处理:在分箱之后,要对每个"箱子"中的数据进行平滑处理。

① 按平均值:对同一"箱子"中的数据求平均值,用均值代替箱子中的所有数据。

② 按中值:取"箱子"中所有数据的中值,用中值代替"箱子"中的所有数据。

③ 按边界值:对"箱子"中的每一个数据,使用离边界值较小的值代替"箱子"中的所有数据。

(3) 聚类:将数据集合分为若干个簇,簇是一组数据对象的集合,同一簇内的数据具有相似性,不同簇之间的数据的差异性较大。在簇外的值即为孤立点,这些孤立点就是噪声数据,应该对这些孤立点进行删除或替换。相似或相临近的数据聚合在一起形成各个聚类集合,在这些聚类集合之外的数据即为异常数据。

(4) 回归:通过发现两个相关的变量之间的相关关系,构造一个回归函数,使得该函数能够更大程度地满足两个变量之间的关系,使用这个函数来对数据进行平滑处理。

(二) 数据集成

企业的许多数据需要在不同的系统中维护,经常会出现不同的系统间数据不一致的问题,这就需要各系统之间进行集成。由于各系统架构不一致,所以目前采取的方式主要是数据级别的集成。数据集成的目的是运用一定的技术手段把不同来源、不同格式、不同特点和性质的数据按一定规则在逻辑上或物理上进行整合，使得其他系统或用户能够有效地对数据进行访问。将不同来源的数据进行集成，已经有很多成熟的框架可以使用，通常采用基于中间件模型和数据仓库等方法来构造集成系统，在具体集成方式上，根据不同的实际需要可以选择不同的方式。

华为数据部门在《华为数据之道》一书中介绍了五种数据集成的方式。包括批量集成、数据复制同步、消息集成、流集成、数据虚拟化。这五种方式也是很多企业数据湖的常用入湖方式。

数据湖是一个存储企业的各种各样原始数据的大型仓库，其中的数据可供存取、处理、分析及传输。数据湖从企业的多个数据源获取原始数据，并且针对不同的目的，同一份原始数据还可能有多种满足特定内部模型格式的数据副本。因此，数据湖中被处理的数据可能是任意类型的信息，从结构化数据到完全非结构化数据。数据湖被认为能实现数据的集中式管理，结合先进的数据科学与机器学习技术，能帮助企业构建更多优化后的运营模型，促进企业成长。

批量集成——又称为离线集成，定时读取数据源数据，写入数据湖。由于是离线传输，可很好地支持数据转换，有较强的数据处理能力。当前不管开源还是商业化的数据集成工具，批量集成是必备的功能。

数据复制同步——又称为数据实时同步，需要捕获数据源的数据变化，将变化的数据实时写入数据湖。由于需要实时，因此在传输中不支持数据转换等数据处理功能。当前开源工具一般还不支持实时传输，商业化工具实时传输是必备的基本功能。

消息集成——通过 API 获取数据，有些系统，我们是不能直接读取数据库的，有的不支持直接对接数据库，但提供了取数的接口，这样的场景下，需要写代码调用 API 去获得数据。

流集成——有些数据，如用户的页面点击、浏览行为等数据，被埋点工具采集，写入了 Kafka、Flume 等消息中间件里。在一些流计算场景中，还会写入 Flink 中进行实时计算。这些源源不断产生的数据称为数据流。流集成则需要对接 Kafka、Flume 或者 Spark、Flink，获取实时产生的数据，并写入数据湖中。

数据虚拟化——数据虚拟化，是指数据通过 API 获取后并不存储到数据湖中，而是直接通过业务逻辑运算，产生结果，将结果写入数据湖或被数据应用程序使用。这种方式适用于数据模式固定，但数据经常变化、经常使用的情况。

（三）数据转换

数据转换主要是对数据进行规范化处理，使之转换成适当形式，以适应挖掘任务及算法的需要。数据转换包含以下处理内容。

1. 平滑处理

帮助除去数据中的噪声，主要方法有聚类方法、回归方法等。

2. 合计处理

对数据进行总结或合计操作。例如，每天的数据经过合计操作可以获得每月或每年的总额。

3. 数据泛化处理

用更高层次的概念来取代低层次的数据对象。例如，街道属性可以泛化到更高层次的概念，如城市、国家；数值型的属性，如年龄可以映射到更高层次的概念，如年轻、中年和老年。

4. 规格化处理

规格化处理就是将一个属性取值范围映射到一个特定范围之内，以消除数值型属性因大小不一而造成的挖掘结果偏差，常常用于神经网络、基于距离计算的最近邻分类和聚类挖掘的数据预处理。例如，将工资收入、销售额等属性值映射到 0 到 1 范围内。

5. 属性构造处理

根据已有属性构造新的属性，并将其加入现有属性集合中以挖掘更深层次的模式知识，提高挖掘结果准确性。例如，根据长、宽属性，可以构造一个新属性——面积。构造合适的属性能够提高数据分析效率，也能帮助发现所遗漏的属性间的相互联系，这在数据挖掘过程中是十分重要的。

（四）数据归约

数据仓库中往往具有海量的数据，对海量数据进行数据分析与挖掘需要很长的时间。数据归约是从数据库或数据仓库中选取并建立使用者感兴趣的数据集合，然后从数据集合中滤掉一些无关、偏差或重复的数据，在尽可能保持数据原貌的前提下，最大限度地精简数据量。与非归约数据相比，对归约的数据进行挖掘，所需的时间和内存资源更少，挖掘将更有效，并产生相同或几乎相同的分析结果。常用的归约方法包括维归约和数值归约。

1. 维归约

减少随机变量或属性的个数，或把原数据变换或投影到更小的空间，具体方法包括主成分分析、相关分析等。

2. 数值归约

也称为样本规约，指从数据集中选出有代表性的样本。样本大小的确定要考虑计算成本、存储要求、估计量的精度及其他一些与算法和数据特性有关的因素。常用方法包括回归模型、直方图、聚类、抽样和数据立方体聚集等。

三、主要大数据预处理工具简介

（一）Trifacta Wrangler

Trifacta Wrangler 是一款用于预处理来自不同数据源的凌乱数据的半自动化商业软件。数据集导入 Trifacta Wrangler 后，该软件就会自动整理数据，并自动确定结构。另外，该软件的机器学习算法会建议常见的转换和聚合算法。官方网址为 https://www.trifacta.com/。

Trifacta Wrangler 可以从微软 Excel、JSON 文件和原始的 CSV 文件中导入数据。另外，该工具还可用于分析数据。

Trifacta Wrangler 的前身是斯坦福大学开发的在线数据清洗和重组软件 DataWrangler。DataWrangler 的网址为 http://vis.stanford.edu/wrangler/，其目前仍可以使用，主要可用于去除无效数据、将数据整理成用户需要格式等。

（二）OpenRefine

OpenRefine 前身是 Google OpenRefine，是一款可以帮助企业处理凌乱数据的免费开源软件。谷歌在 2012 年停止对该项目的维护，转由志愿者定期更新。其官方网址为 https://openrefine.org/。

OpenRefine 是一款基于计算机浏览器的数据清洗软件，它在数据清洗、数据探索以及数据转换方面非常有效。同时，它是一个开源的网络应用，可以在计算机中直接运行，这样可以避开上传指定信息到外部服务器的问题。它类似于传统 Excel 处理软件，但是工作方式更像是数据库，以列和字段的方式工作，而不是以单元格的方式工作。

OpenRefine 不是最适合大型数据库的工具，但对许多企业来说仍是一种重要的、备受好评的选择。

（三）DataKleenr

DataKleenr 是一款全自动的数据预处理商业解决方案。该软件基于云，无需下载安装，只要有浏览器和网络即可。所有的数据清洗操作都在云上进行，然后会加密、保存到使用者的私人工作区，通过账户登陆可以随时随地管理项目。数据清洗完全是自动化的，直观简单，通常在几分钟内就可以完成数据的清洗。

DataKleenr 是基于列的数据清洗，通过智能算法，可以自动决定数据清洗的方法，用户只需要检查最终的结果，也可以点击一个变量来检查该变量的详细清洗操作。

DataKleenr 的官方网址为 https://www. chi2innovations. com/datakleenr/。该软件主要面向科学数据的预处理。

第三节　大数据存储

数据存储作为大数据的核心环节之一，可以理解为对既定数据内容进行归档、整理和共享的过程。大数据存储与管理的技术对整个大数据系统都至关重要，数据存储与管理的好坏直接影响整个大数据系统的性能表现。

一、大数据存储的关键问题和面临的挑战

在大数据时代,由于从多渠道获得的数据通常缺乏一致性,数据结构混杂,且数据不断增长,更何况任何机器都会有物理上的限制,如内存容量、硬盘容量、处理器速度等。这就导致对于单机系统来说,即使不断提升硬件配置也很难跟上数据增长的速度,我们需要在硬件限制和性能之间做取舍,因此有效的数据存储和管理变得比以往任何时候都更加重要。

在实际应用中,数据存储不止包括接收、存储、组织和维护组织创建的数据,还包括解决大数据的可存储、可表示、可处理、可靠性及有效传输等的关键问题。具体来讲,包括海量文件的存储与管理,海量小文件的传输、索引和管理,海量大文件的分块与存储,系统可扩展性与可靠性等。

在当今企业大数据管理中,存储方面主要面临以下几个问题:一是存储数据的成本在不断地增加,如何削减开支节约成本以保证高可用性;二是数据存储容量爆炸性增长且难以预估;三是越来越复杂的环境使得存储的数据无法管理。

随着结构化数据和非结构化数据量的持续增长以及数据来源的多样化,此前的存储系统设计已经无法满足大数据应用的需要。主要面临的挑战如下:

(一)延迟问题

大数据应用存在实时性的问题。特别是涉及网上交易或者金融类相关的应用。例如网络销售行业的在线广告推广服务需要实时对客户的浏览记录进行分析,并准确进行广告投放。这就要求存储系统必须能够支持上述特性,同时保持较高的响应速度,延迟则会导致系统会推送“过期”的广告内容给客户。这种场景就要求存储系统在增加容量的同时,处理能力也必须同步增长,且支持并发的数据流,从而进一步提高数据吞吐量。

(二)安全问题

某些特殊行业的应用,比如金融数据、医疗信息以及政府情报等都有各自的安全标准和保密性需求。虽然对于IT管理者来说这些并没有什么不同,而且都是必须遵从的,但是,大数据分析往往需要多类数据相互参考,而

在过去并不会有这种数据混合访问的情况，因此大数据应用也催生出一些新的、需要考虑的安全性问题。

（三）容量问题

这里所说的“大容量”通常可达到 PB 级的数据规模，因此，海量数据存储系统也一定要有相应等级的扩展能力。与此同时，存储系统的扩展一定要简便，可以通过增加模块或磁盘柜来增加容量，甚至不需要停机。

大数据应用除了数据规模巨大之外，还意味着拥有庞大的文件数量。因此如何管理文件系统层累积的元数据是一个难题，处理不当的话会影响到系统的扩展能力和性能。

（四）成本问题

对于大数据环境的企业来说，成本控制是关键的问题。想控制成本，就意味着要让每一台设备都实现更高的效率，同时还要减少那些昂贵的部件。目前，像重复数据删除等技术已经进入主存储市场，而且现在还可以处理更多的数据类型，这都可以为大数据存储应用带来更多的价值，提升存储效率。在数据量不断增长的环境中，减少后端存储的消耗，哪怕只是降低几个百分点，都能够获得明显的投资回报。此外，自动精简配置、快照和克隆技术的使用也可以提升存储的效率。

对成本控制影响最大的因素是那些商业化的硬件设备。因此，很多初次进入这一领域的用户以及那些应用规模最大的用户都会定制他们自己的“硬件平台”而不是用现成的商业产品，这一举措可以用来平衡他们在业务扩展过程中的成本控制战略。为了适应这一需求，现在越来越多的存储产品都提供纯软件，可以直接安装在用户已有的、通用的或者现成的硬件设备上。

二、大数据存储方式

随着数据存储技术的发展，数据存储方式也发生了变革，包括传统的关系型数据库在内，目前主要有三大类数据存储方式：一是以 Oracle、MySQL 为代表的传统关系型数据库存储方式；二是以 HBase、Cassandra、Redis 为代表的新兴的 NoSQL 存储方式；另外就是全文检索框架，以 ES、Solr 等为代表。以 MySQL、HBase、ES 为例，三种存储方式的特点如下。

（一）MySQL

MySQL 是关系型数据库，主要面向 OLTP(on-line transaction processing，联机事务处理过程)，支持事务，支持二级索引，支持 SQL 语言。

例如，要在 MySQL 中存入表 4-3 的信息，那么 MySQL 中要提前定义表结构，也就是说表共有多少列(属性)需要提前定义好，并且同时需要定义好每个列所占用的存储空间。数据是以行为单位组织在一起的，即使某一行的某一列没有数据，也需要占用存储空间，即上述表格在 MySQL 中的存储形式为一张二维表。

表 4-3　人员信息表

ID	姓名	性别	年龄	职业
1	张三	男	40	
2	李四		35	厨师
3	王五	男		工程师

在 MySQL 中，如果张三的职业“工人”需要录入，那么可以通过更新语句将职业的属性“工人”录入，但是要想增加一列，如“兴趣爱好”，那么就需要改变表结构。

（二）HBase

HBase 是面向列的分布式 NoSQL 数据库，基于 HDFS(Hadoop Distributed File System，分布式文件系统)，支持海量数据读写、天然分布式、主从架构，不支持事务，不支持二级索引，不支持 SQL 语言。

还是以表 4-1 的信息存储为例，HBase 以列为单位存储数据，见表 4-4，每一列就是一个关键值(key-value)，HBase 的表列(属性)不用提前定义，而且缺失的属性不被存储。

HBase 存储中列可以动态扩展，比如人员信息表中需要把张三的职业录入进去，则直接在表中增加一行“＜1,职业＞工人”即可，如果需要增加兴趣爱好列，HBase 则直接增加“＜1,兴趣爱好＞篮球”即可。相对于 MySQL 的存储方式，HBase 不记录缺失属性节约了空间。对于大数据存储经常遇到的稀疏矩阵的大表，HBase 节省空间的优势大大显现。

表 4－4　HBase 的存储方式

<1,姓名>	张三
<1,性别>	男
<1,年龄>	40
<2,姓名>	李四
<2,年龄>	35
<2,职业>	厨师
<3,姓名>	王五
……	……

（三）ElasticSearch（ES）

ES 是一款分布式的全文检索框架，底层基于 Lucene 实现，天然分布式，P2P 架构，不支持事务，采用倒排索引提供全文检索。

ES 比较灵活，索引中的字段类型可以提前定义，也可以不定义，不定义则会有一个默认类型，一般出于可控性考虑，关键字段最好提前定义好。ES 的存储方式与 MySQL 和 HBase 完全不同，ES 是倒排索引方式，即反向索引。

为了理解倒排索引，我们先了解以下正向索引。如表 4－5 里的信息，我们将存储的文档分词后建立的正排表如表 4－6 所示。

表 4－5　文档存储示意表

文档编号（id）	文档内容
1	我爱南京
2	我爱编程
3	我编程成绩很好
4	南京太美了

表 4－6　正排索引表

文档编号（id）	分词后的词项集合（list）
1	{我，爱，南京}
2	{我，爱，编程}
3	{我，编程，成绩，很好}
4	{南京，太美了}

在搜索引擎中每个文件都对应一个文件 id，文件内容被表示为一系列关键词的集合，实际上关键词也会转换成关键词 id。那么，正向索引的结构如下：

"文档 1"的 id ⇒ 单词 1：出现次数，出现位置列表；单词 2：出现次数，出现位置列表；……。

"文档 2"的 id ⇒ 此文档出现的关键词列表。

……

索引示意图见图 4－4。

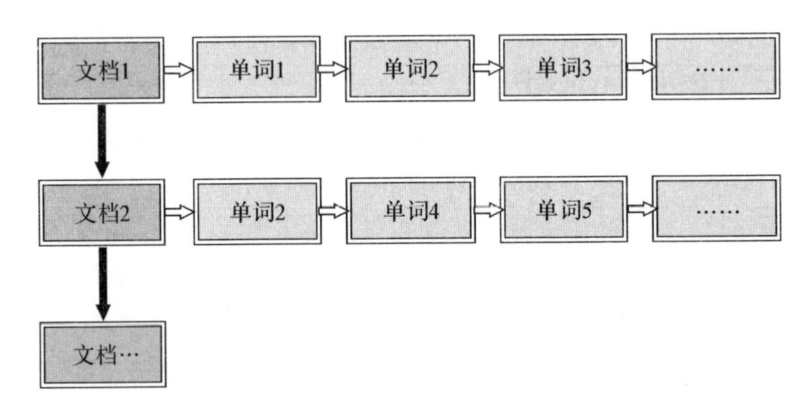

图 4－4　正向索引示意图

假设使用正向索引，那么当你搜索一个词的时候，搜索引擎必须检索网页中的每一个关键词，如要搜索"我"，那么就要检索每一个文档的每一个关键词，然后把含有"我"的文档检索出来。而一个文档往往含有成千上万个关键词，而且互联网上收录在搜索引擎中的文档的数目是个天文数字，这样的索引结构根本无法满足实时返回结果的要求。于是倒排索引应运而生。

实际中，搜索引擎会将正向索引重新构建为倒排索引，即把文件 id 对应到关键词的映射转换为关键词到文件 id 的映射，形式见表 4－7，每个关键词都对应着一系列的文件，这些文件中都出现这个关键词。

表 4-7　倒排索引表

编号	词元(token)	倒排列表(list< id>)
1	我	1,2,3
2	爱	1,2
3	南京	1,4
4	编程	2,3
5	成绩	3
6	很好	3
7	太美了	4

倒排索引的结构如下：

“关键词 1”:“文档 1”的 id,“文档 2”的 id,………。

“关键词 2”:带有此关键词的文档 id 列表。

倒排索引示意图见图 4-5。

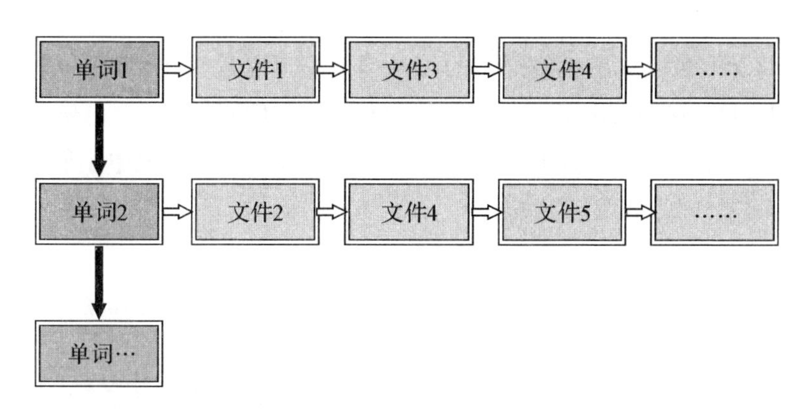

图 4-5　倒排索引示意图

检索时,比如搜索“我”,搜索引擎可以快速检索出包含“我”搜索词的位置,得到文档 1、2、3,然后在这个基础上再进行相关度和权重计算,从而大大加快了返回搜索结果的速度。当然,倒排索引还可以包含更多的索引信息,以优化检索的时间,实现大数据的快速读取。

从这里我们就可以看出 ES 和 MySQL、HBase 的存储有很大的区别。而且 ES 不仅包含倒排索引,默认同时还会把文档存储起来,所以当我们使用ES时,也能拿到完整的文档信息,所以某种程度上,就像在使用数据库一样。

从以上比较中可以总结出,MySQL行存储的方式比较适合联机事物处理(OLTP),列存储的方式比较适合联机分析处理(OLAP),HBase采用了列簇的方式平衡了OLTP和OLAP,支持水平扩展。如果数据量比较大、对性能要求没有那么高,并且对事务没有要求的话,HBase是不错的选择。ES默认对所有字段都建了索引,所以比较适合复杂的检索或全文检索。

三、常用大数据存储软件

(一)传统关系型数据库软件

主流的关系型数据库有Oracle、MySQL、Microsoft SQL Server等。

Oracle数据库是一款由甲骨文公司开发的商业关系型数据库,是目前世界上使用最为广泛的数据库管理系统。它具备完整的数据管理功能,并真正实现了分布式处理。

MySQL数据库是免费开源的关系型数据库管理系统,属于甲骨文公司。MySQL软件采用了双授权政策,分为社区版和商业版。由于其体积小、速度快、总体拥有成本低,尤其是开放源码这一特点,一般中小型企业的开发都首选MySQL作为数据库。

Microsoft SQL Server数据库是由Microsoft推出的商业关系型数据库管理系统。Microsoft SQL Server数据库伴随着Windows操作系统发展壮大。目前Microsoft SQL Server已成为一个全面的数据库平台。Microsoft SQL Server数据库引擎为关系型数据和结构化数据提供了更安全可靠的存储功能,使企业可以构建和管理用于业务的高可用和高性能的数据应用程序。

(二)MongoDB

MongoDB是一个基于分布式文件存储的开源数据库系统。它由C++语言编写,旨在为Web应用提供可扩展的高性能数据存储解决方案。MongoDB是一个介于关系数据库和非关系数据库之间的产品,在非关系数据库中其功能最丰富,也最像关系数据库。

MongoDB 支持的数据结构非常松散,其将数据存储为一个文档,数据结构由键值(key⇒value)对组成,字段值可以包含其他文档、数组及文档数组,可以存储比较复杂的数据类型。

MongoDB 最大的特点是它支持的查询语言非常强大,几乎可以实现类似关系数据库单表查询的绝大部分功能,还支持为数据建立索引。它的特点是高性能、易部署、易使用、存储数据非常方便。

MongoDB 的官方网址为 https://www.mongodb.com/。

(三) Redis

Redis(Remote Dictionary Server)是一个开源的高性能的内存数据存储解决方案,其可被用作分布式内存键值对数据库、数据缓存或消息代理,并选择支持持久化的存储方式(比如磁盘)。其使用 ANSI C 语言编写,并提供多种语言的 API。官网地址为 https://redis.io/。

Redis 支持各种抽象数据结构,包括字符串、列表、地图、集合、排序集合、HyperLogLogs、位图、流和空间索引等。Redis 性能极高:读速度可达 110 000 次/s,写速度可达 81 000 次/s。

Redis 在大数据解决方案中常被用作中间存储系统,用作高并发系统的缓冲。

(四) Apache HBase

HBase(Hadoop Database)是一个高可靠、高性能、面向列、可伸缩的分布式开源存储系统。HBase 是 Google Bigtable 的开源实现。HBase 是 Apache 的 Hadoop 项目的子项目。官方网址为:https://hbase.apache.org/。

HBase 属于 Hadoop 生态系统的一部分,HBase 基于 Hadoop HDFS 提供的高可靠性的底层存储支持,并使用 Hadoop MapReduce 提供的高性能的计算能力和 Zookeeper 提供的可靠性机制。此外,Pig 和 Hive 还为 HBase 提供了高层语言支持,使得在 HBase 上进行数据统计处理变得非常简单。Sqoop 则为 HBase 提供了方便的 RDBMS 数据导入功能,使得传统数据库数据向 HBase 中迁移变得非常方便。

四、大数据存储技术的发展

为了支持大规模数据的存储、传输与处理，针对海量数据存储如下三个主要方向的研究。

（一）虚拟存储技术

对于存储面临的难题，业界采用的解决手段之一就是存储虚拟化。虚拟化并不是一个单独的产品，而是存储系统的一项基本功能。该技术通过聚合多个存储设备的空间，灵活部署存储空间的分配，从而实现现有存储空间高利用率，避免了不必要的设备开支。通过虚拟化技术，为用户和应用程序提供了虚拟磁盘，并且用户可以根据需求任意对它进行分割、合并、重新组合等操作，并分配给特定的主机或应用程序，为用户隐藏或屏蔽具体的物理设备的各种物理特性。

存储虚拟化可以提高存储利用率，降低成本，简化存储管理。基于网络的虚拟存储技术已成为一种趋势，它的开放性、扩展性、管理性等方面的优势将在数据大集中、异地容灾等应用中充分体现出来。越来越多的厂商正积极投身于存储虚拟化领域，比如数据复制、自动精简配置等技术也用到了虚拟化技术。

（二）高性能 I/O 集群

数据共享是集群系统中的一个基本需求。当前经常使用的是网络文件系统 NFS 或者 CIFS。当一个计算任务在 Linux 集群上运行时，计算节点首先通过 NFS 协议从存储系统中获取数据，然后进行计算处理，最后将计算结果写入存储系统。在这个过程中，计算任务的开始和结束阶段数据读写的 I/O 负载非常大，而在计算过程中几乎没有任何负载。当今的 Linux 集群系统处理能力越来越强，动辄达到几十个甚至上百个 TFLOPS，于是用于计算处理的时间越来越短。但传统存储技术架构对带宽和 I/O 能力的提高却非常困难且成本高昂。这造成了当原始数据量较大时，I/O 读写所占的整体时间就相当可观，成为 HPC 集群系统的性能瓶颈。I/O 效率的改进已经成为今天大多数 Linux 并行集群系统提高效率的首要任务。

（三）网格存储系统

有的数据需求除了容量特别大之外，还要求广泛的共享。比如运行于BECPII上的新一代北京谱仪实验BESIII，未来五年内将累积数据5 PB，分布在全球的20多个研究单位将对其进行访问和分析。网格存储系统能够满足海量存储、全球分布、快速访问、统一命名的需求。主要研究的内容包括：网格文件名字服务、存储资源管理、高性能的广域网数据传输、数据复制、透明的网格文件访问协议等。

另外，处于发展中的存储技术还包括高容量光存储技术、智能存储技术以及存储容灾技术等，这些技术的发展将为大数据存储的速度性能、智能化以及灾难恢复和安全层面保驾护航。

参考文献

[1] 董西成. 大数据技术体系详解：原理、架构与实践[M]. 北京：机械工业出版社，2019.
[2] 朱洁，罗华霖. 大数据架构详解：从数据获取到深度学习[M]. 北京：电子工业出版社，2016.
[3] 林子雨. 大数据技术原理与应用[M]. 2版. 北京：人民邮电出版社，2017.
[4] 朱晓姝，许桂秋. 大数据预处理技术[M]. 北京：人民邮电出版社，2019.
[5] 葛维春. 大数据处理预存储技术[M]. 北京：清华大学出版社，2019.
[6] 皮雄军. NoSQL数据库技术实战[M]. 北京：清华大学出版社，2019.

>>>>>>> 第五章 大数据处理与计算

大数据处理框架负责对大数据系统中的数据进行计算。数据包括从持久存储中读取的数据或通过消息队列等方式接入系统中的数据,而计算则是从数据中提取信息的过程。按照对所处理的数据形式和得到结果的时效性分类,数据处理框架可以分为三类:批处理系统、流处理系统和混合处理系统。批处理系统在大数据世界中有着悠久的历史,它主要操作大量的、静态的数据,并且等到全部处理完成后才能得到返回的结果,典型的批处理系统就是 Apache Hadoop。流处理系统则对由连续不断的单条数据项组成的数据流进行操作,注重数据处理结果的时效性,典型的流处理系统如 Apache Storm。同时具备批处理与流处理能力,则称为混合处理系统,典型的混合处理系统如 Apache Spark。

说起大数据处理框架,就必须提到 Hadoop,它是首个在开源社区获得极大关注的大数据处理框架,在很长一段时间内,Hadoop 几乎可以作为大数据技术的代名词。如果说如今大数据处理框架处于一个群星闪耀的时代,那么 Spark 无疑就是所有星星中最闪亮的那一颗。基于此,本章将详细介绍 Hadoop 与 Spark 的由来与发展、特点、生态系统、框架结构与优势等相关内容。

第一节　Apache Hadoop 与 Apache Spark 简介

Apache Hadoop 是 Apache 软件基金会的顶级开源项目，是由被称为“Hadoop 之父”的 Doug Cutting 根据 Google 发布的学术论文而创建的开源项目。

Apache Hadoop 是一个能够对大量数据进行分布式处理的开源软件框架，用户可以在不了解分布式底层细节的情况下，开发分布式程序。它以一种可靠、高效、可伸缩的方式进行数据处理。Hadoop 具有可靠性，它假设计算元素和存储会失败，从而维护多个工作数据副本，确保能够针对失败的节点进行重新分布处理。Hadoop 具有高效性，它以并行的方式工作，通过并行处理加快处理速度。Hadoop 具有可伸缩性，它能够处理 PB 级数据。此外，Hadoop 依赖于社区服务，因此它的使用成本比较低，任何人都可以使用。

Hadoop 充分利用集群的威力进行高速运算和存储。它实现了一个分布式文件系统(Hadoop Distributed File System)，简称 HDFS。HDFS 具有高容错性特点，并且设计用于部署在低廉的硬件上；而且它提供高吞吐量来访问应用程序的数据，适合那些有着超大数据集的应用程序。HDFS 放宽了可移植操作系统接口(portable operating system interface，简称 POSIX)的要求，可以以流的形式访问(streaming access)文件系统中的数据。Hadoop 框架最核心的设计就是 HDFS 和 MapReduce。HDFS 为海量数据提供了存储，而 MapReduce 则为海量数据提供了计算。

对 Hadoop 的应用，最早是雅虎、Facebook、Twitter、AOL、Netflix 等网络公司先开始试水。然而现在，其应用领域已经突破了行业的界限，如摩根大通、美国银行、VISA 等在内的金融公司，以及诺基亚、三星、GE 等制造业公司，沃尔玛、迪士尼等零售业公司，甚至是中国移动等通信公司都在应用 Hadoop。

Apache Spark 是一个快速通用的大规模数据处理引擎，它与 Apache

Hadoop 有着密切的联系，但两者并非一个层面的概念。Hadoop 不仅可进行数据的处理，还可进行数据的存储，而 Spark 仅仅是大数据处理框架。因此 Spark 其实与 Hadoop 上的 MapReduce 是一个层面的概念。Spark 在 Hadoop 生态系统中，与 MapReduce、Tez 等并列为计算框架。

Spark 借鉴和改进了另外两个著名的分布式计算框架 MapReduce、Rryad 的设计思想。传统的 Apache Hadoop 基于 MapReduce 机制，在面对需要重复利用程序产生的中间数据的应用（例如机器学习领域会频繁用到的梯度下降算法、图计算算法等）时，由于 MapReduce 机制本身的限制，两个 MapReduce 作业之间想要共享数据，一般需要将数据写入外置稳定文件系统，例如 HDFS 当中，在需要重复使用的时候再将数据读出，且写入时会有多个副本，因此会带来很大的磁盘 I/O 开销。Spark 则立足于内存计算，使用高速内存代替磁盘来存储数据处理过程中产生的中间数据，下一次操作可以直接从内存中读取，因此相比 Hadoop，Spark 在迭代计算上运行性能提升显著，甚至可达百倍之多。此外，Spark 兼容 Hadoop 的 API，能够读写 HDFS、HBase 中的文件，提供包括 Map 和 Reduce 操作在内的更多数据操作接口，编程模型比 Hadoop 更加灵活易用。

Spark 立足于内存计算，从批处理与迭代计算出发，进而发展到交互式查询、流处理、图计算和机器学习等多种计算范式，是罕见的“全能型计算引擎”，可用于构建大型的、低延迟的数据分析应用程序。由于具备出色的运算性能和丰富的特性，Spark 已经成为当前主流的大数据处理框架。

第二节　Hadoop 处理框架

一、Hadoop 的由来

Hadoop 起源于 2002 年 Apache 的 Nutch 项目，Nutch 是 Apache Lucene 的子项目之一。Nutch 的设计目标是构建一个大型的全网搜索引擎，具备网页抓取、索引、查询等功能，但随着抓取网页数量的增加，遇到了严重的可扩展性问题——如何解决数十亿网页的存储和索引问题。

随后，Google 在 2003 年发表了一篇技术学术论文《谷歌文件系统》(Google File System，GFS)，是 Google 公司为了存储海量搜索数据而设计的专用文件系统。2004 年 Nutch 创始人 Doug Cutting 基于 Google 的 GFS 论文，实现了分布式文件存储系统，名为 NDFS(Nutch Distributed File System)。2004 年 Google 又发表了一篇技术学术论文《MapReduce(一种分布式编程模型，用于大规模数据集的并行分析运算)》。2005 年 Doug Cutting 基于 MapReduce 分布式计算框架的思想，在 Nutch 搜索引擎中实现了该功能。并将它与 NDFS 结合，NDFS 用于处理海量网页的存储，MapReduce 用于处理海量网页的索引计算，两者相结合以支持 Nutch 搜索引擎的主要算法。由于 NDFS 和 MapReduce 在 Nutch 引擎中有着良好的应用，所以它们于 2006 年 2 月被分离出来，成为一套完整而独立的软件，并被命名为 Hadoop。

2008 年 1 月，Hadoop 正式成为 Apache 的顶级项目，开始被雅虎之外的其他公司使用。2009 年，Yahoo 使用 4 000 节点的集群运行 Hadoop，支持广告系统和 Web 搜索的研究。Facebook 的 Hadoop 集群扩展到数千个节点，用于存储内部日志数据，支持其上的数据分析和机器学习。淘宝的 Hadoop 集群系统达到千台规模，用于存储并处理电子商务的交易相关数据。

Hadoop 最初由三大部分组成，即用于分布式存储大容量文件的 HDFS，用于对大量数据进行高效分布式处理的 Hadoop MapReduce 框架，以及超大型数据表 HBase。HBase 是针对谷歌 BigTable 的开源实现，二者都采用了相同的数据模型，具有强大的非结构化数据存储能力。这些部分与 Google 的基础技术相对应，如图 5-1 所示。

从数据处理的角度来看，Hadoop MapReduce 是其中最重要的部分。Hadoop MapReduce 并非用于配备高性能 CPU 和磁盘的计算机，而是一种工作在由多台通用型计算机组成的集群上，对大规模数据进行分布式处理的框架。在 Hadoop 中，应用程序被细分为在集群中任意节点上都可执行的成百上千个工作负载，并分配给多个节点来执行，然后通过对各节点瞬间返回的信息进行重组，得出最终的回应。

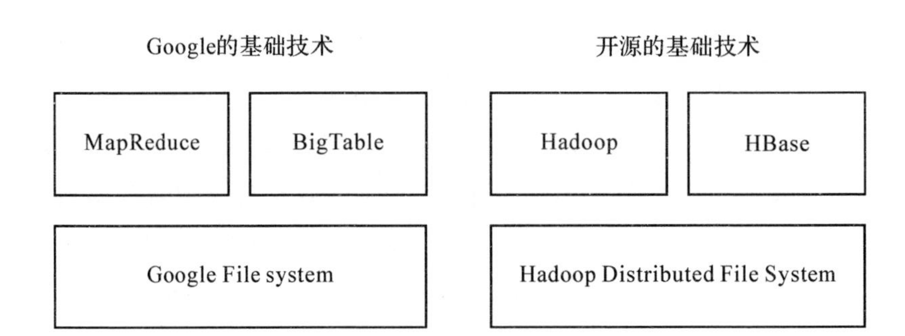

图 5-1　Google 与开源基础技术对应的关系

二、Hadoop 生态系统

经过多年的发展，最早由 HDFS、Hadoop MapReduce、HBase 这三个项目所组成的 Hadoop 软件架构，现在也衍生出了多个围绕在其周围的开源子项目，已经形成了一个比较成熟的生态系统，为完善大数据处理的全生命周期提供了必要的配套和补充。

Hadoop 生态系统的核心是 HDFS 和 MapReduce，Hadoop 2.0 还包括了 YARN，在此基础上，提供了各种类型的其他子项目，这些子项目涉及数据存储、分布式计算、数据同步、数据查询、数据分析、数据呈现等一系列内容。下面通过一张图描述 Hadoop 的生态系统，具体如图 5-2 所示。

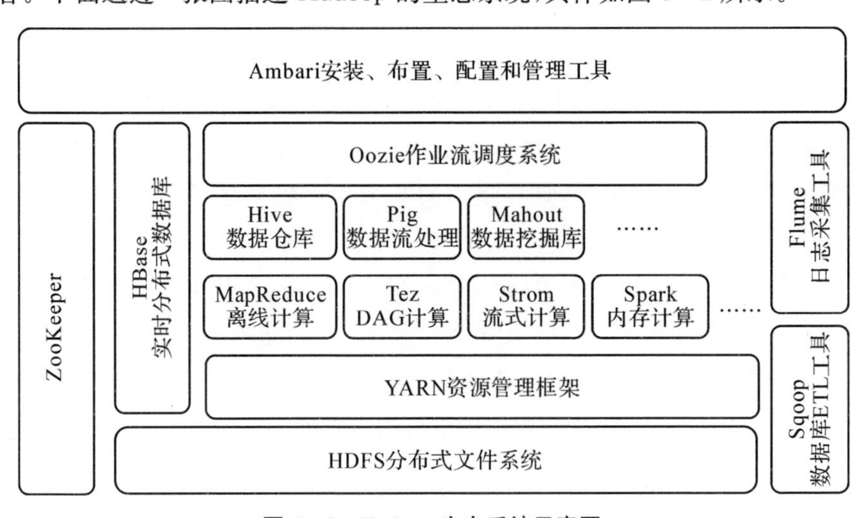

图 5-2　Hadoop 生态系统示意图

Hadoop 生态系统的核心项目包括以下内容：

HDFS：被设计成适合运行在通用硬件上的，具有高度容错性的分布式文件系统，可提供高吞吐量的数据访问，适合大规模数据集上的应用。

YARN：统一资源管理框架（Yet Another Resource Negotiator），负责作业和集群资源的统一管理和调度，它是 Hadoop 2.0 引入的一个全新的通用资源管理平台，可在其之上运行各种应用程序和框架，如离线处理 MapReduce、DAG 计算框架 Tez、在线处理 Storm、内存计算框架 Spark 等，它的引入使得各种应用运行在一个集群中成为可能。

MapReduce：分布式计算框架，致力于解决大规模数据处理的问题，利用局部性原理将整个问题分而治之。MapReduce 在处理之前，将数据集分布在各个节点。处理时，每个节点就近读取本地存储的数据处理（map），将处理后的数据进行合并（combine）、排序（shuffle and sort）后再分发至 Reduce 节点，避免了大量数据的传输，提高了处理效率。配合数据复制策略，集群可以具有良好的容错性，一部分节点的宕机对集群的正常工作不会造成影响。

Hadoop 生态系统的其他子项目包括以下内容：

ZooKeeper：针对大型分布式系统的可靠协调系统。它是分布式系统中的一个重要组件，它能为 HDFS、HBase、MapReduce、YARN、Hive 等组件提供重要的功能支撑。在分布式应用中，通常需要 ZooKeeper 来提供可靠的、可扩展的、分布式的、可配置的协调机制来统一各系统的状态。

HBase：是建立在 HDFS 之上的，提供高可靠性、高性能、列存储、可伸缩、实时读写的分布式数据库系统。它介于 Nosql 和 RDBMS 之间，仅能通过行键（row key）和行键序列来检索数据，仅支持单行事务（可通过 Hive 支持来实现多表联合等复杂操作），主要用来存储非结构化和半结构化的松散数据。HBase 具有良好的横向扩展能力，可以通过不断增加廉价的商用服务器来增加计算和存储能力。

Hive：数据仓库工具，可以将结构化的数据文件映射为一张数据库表，并提供简单的 SQL 查询功能，可以将 SQL 语句转换为 MapReduce 任务进行运行。其优点是学习成本低，可以通过类 SQL 语句快速实现简单的 MapReduce 统计，不必开发专门的 MapReduce 应用，十分适合数据仓库的统计分析。

Ambari：一种基于 Web 的工具，用于配置、管理和监视 Hadoop 集群，其中包括对 HDFS、MapReduce、Hive、HBase、ZooKeeper、Oozie、Pig 和 Sqoop 等大多数 Hadoop 组件的支持。它提供一个直观的操作工具和一个健壮的 Hadoop API，可以隐藏复杂的 Hadoop 操作，使集群操作大大简化。

Oozie：服务于 Hadoop 生态系统的工作流调度引擎，负责管理 HDFS、MapReduce、Hive、Sqoop 等 Hadoop 组件提交的各种作业。

Pig：一个高级数据流语言和执行环境，用来检索海量数据集。

Mahout：提供一些可扩展的机器学习和数据挖掘领域经典算法的实现，旨在帮助开发人员更加方便快捷地创建智能应用程序。它包含许多实现，包括聚类、分类、推荐过滤、频繁子项挖掘。

Tez：从 MapReduce 计算框架演化而来的通用 DAG 计算框架，可作为 MapReduceR/Pig/Hive 等系统的底层数据处理引擎，它天生融入 Hadoop 中的资源管理平台 YARN。

Storm：分布式实时计算系统，可水平扩展，支持容错，保证所有数据被处理，易于安装维护，可以使用各种程序设计语言开发，具备高性能，单节点每秒可处理上百万记录。

Spark：一种用于 Hadoop 数据的快速通用计算引擎。Spark 提供了一个简单而富有表现力的编程模型，该模型支持广泛的应用程序，包括 ETL、机器学习、数据流处理和图形计算。

Sqoop：即 SQL to Hadoop，是一个方便在传统型数据库与 Hadoop 之间进行数据迁移的工具，充分利用 MapReduce 并行特点，以批处理的方式加快数据传输。它是 Hadoop 下连接关系型数据库和 Hadoop 的桥梁，支持关系型数据库和 Hive、HDFS、HBase 之间数据的相互导入，可以使用全表导入和增量导入。Sqoop 高效、可控地利用资源，可以自动进行数据类型的映射与转化，同时支持多种主流数据库，如 MySQL、Oracle、SQL Server、DB2 等。

Flume：是 Cloudera 提供的一个高可用、高可靠、分布式的海量日志采集、聚合和传输的系统，Flume 支持在日志系统中定制各类数据发送方，用于收集数据；同时，Flume 提供对数据进行简单处理，并写入各种数据接受方（可定制）的能力。

Hadoop 生态系统的特点是:① 源代码开源;② 社区活跃,参与者众多;③ 涉及分布式存储和计算的方方面面;④ 已得到企业界验证。

三、Hadoop 的优势

在处理大数据时代的非结构化数据时,Hadoop 在性能和成本方面都具有优势,而且通过横向扩展进行扩容也相对容易,因此备受关注。Hadoop 集群的规模可以很容易地扩展到 PB 甚至是 EB 级别,因此,企业里的数据分析师和市场营销人员过去只能依赖抽样数据进行分析,而现在则可以将分析对象扩展到全部数据的范围了。而且,由于处理速度比过去有了飞跃性的提升,现在我们可以进行若干次重复分析,也可以用不同的查询来进行测试,从而有可能获得过去无法获得的更有价值的信息。

Hadoop 是一个能够让用户轻松架构和使用的分布式计算平台。用户可以轻松地在 Hadoop 上开发和运行处理海量数据的应用程序。

它主要有以下几个优点:

(1) 高可靠性。Hadoop 的按位存储和处理数据的能力值得人们信赖。

(2) 高扩展性。Hadoop 是在可用的计算机集簇间分配数据并完成计算任务的,这些集簇可以方便地扩展到数以千计的节点中。

(3) 高效性。Hadoop 能够在节点之间动态地移动数据,并保证各个节点的动态平衡,因此处理速度非常快。

(4) 高容错性。Hadoop 能够自动保存数据的多个副本,并且能够自动将失败的任务重新分配。

(5) 低成本。与一体机、商用数据仓库以及 QlikView、Yonghong Z-Suite 等数据集市相比,Hadoop 是开源的,因此项目的软件成本会大大降低。Hadoop 通过普通廉价的机器组成服务器集群来分发以及处理数据,因此项目的硬件成本很低。

Hadoop 带有用 Java 语言编写的框架,因此运行在 Linux 平台上是非常理想的。Hadoop 上的应用程序也可以使用其他语言比如 C++编写。

四、Hadoop 的发行版本

Hadoop 软件目前依然在不断引入先进的功能，处于持续开发的过程中。因而，如果想要享受其先进性带来的新功能和性能提升等好处，公司内部需要具备相应的技术实力。拥有众多先进技术人员的一部分大型系统集成公司和惯于使用开源软件的互联网公司可以满足这样的条件。

对于一般企业来说，运用 Hadoop 这样的开源软件还存在比较高的门槛。企业对于软件的要求不仅在于其高性能，还包括可靠性、稳定性、安全性等因素。然而，Hadoop 是可以免费获取的软件，一般公司在搭建集群环境的时候需要自行对上述因素做出担保，难度确实很大。

因此，为了解决上述问题，Hadoop 也推出了发行版本。所谓发行版本是一种为改善开源社区所开发的软件的易用性而提供的软件包服务，软件包中通常包括安装工具以及捆绑事先验证过的一些相关软件。

目前 Hadoop 的发行版除了社区的 Apache Hadoop 外，Cloudera、Hortonworks、MapR、IBM、星环、大快搜索、华为等都提供了自己的商业版本。商业版主要提供了专业的技术支持，这对一些大型企业尤其重要。

首先 Apache Hadoop 是最原始、最基础的版本，所有发行版均基于这个版本进行改进，制作。

2008 年成立的 Cloudera 是最先开始提供 Hadoop 商用发行版的公司，为合作伙伴提供 Hadoop 的商用解决方案，主要包括软件、支持、咨询服务和培训等。2009 年 Hadoop 的创始人 Doug Cutting 也加盟 Cloudera 公司(后来担任 Apache 软件基金会主席)。如今，在 Hadoop 生态系统中，Cloudera 已成为规模最大、知名度最高的公司。借助先发制人的优势，Cloudera 与 NetUP、戴尔、Intel 等硬件厂商积极开展密切合作，通过在它们的存储设备和服务器上预装 Cloudera 的 Hadoop 发行版来扩大自己的势力范围。CDH (Cloudera Hadoop)是 Cloudera 公司发布的一个自己封装的 Hadoop 商业版软件发行包，里面不仅包含了 Cloudera 公司的商业版 Hadoop，同时也包含了各类常用的开源数据处理与存储框架，如 Spark、Hive、HBase 等，能够十分方便地对 Hadoop 集群进行安装、部署和管理。CDH 发行版完全开源，在兼容性、安全性、稳定性上比 Apache Hadoop 有所增强。

2011 年成立的 Hortonworks 是雅虎与硅谷风投公司 Benchmark

Capital 合资组建的公司。公司成立之初吸纳了 25～30 名专门研究 Hadoop 的雅虎工程师，这些工程师为开源项目 Apache Hadoop 贡献了 80%代码。雅虎工程副总裁、雅虎 Hadoop 开发团队负责人 Eric Baldeschwieler 出任 Hortonworks 的首席执行官。Hortonworks 的主打产品是 Hortonworks Data Platform(HDP)，也同样是完全开源的产品，其版本特点：包括稳定版本的 Apache Hadoop 的所有关键组件；安装方便，包括一个现代化的、直观的用户界面的安装和配置工具。

美国 MapR Technologies 公司的 MapR 对 HDFS 进行了改良，获得了比开源版本 Hadoop 更高的性能和可靠性。IBM 发布了 InfoSphere Big Insights 大数据平台，平台提供了数据整合、数据仓库、主数据管理、大数据和信息治理等解决方案。

国内星环科技推出的 Transwarp Data Hub(TDH)基于 Hadoop 和 Spark 的分布式内存分析引擎和实时在线大规模计算分析平台，相比开源 Hadoop 版本有 10～100 倍性能提升，可处理 GB 到 PB 级别的数据。大快搜索推出的 DKHadoop 集成了整个 Hadoop 生态系统的全部组件并且做了深度优化，重新编译成了一个完整的更高性能的大数据通用计算平台，实现了各部件的有机协调。相比开源的大数据平台，DKHadoop 在计算性能上有了非常大的提升。华为推出的 FusionInsight 大数据平台是集 Hadoop 生态发行版、大规模并行处理数据库、大数据云服务于一体的融合数据处理与服务平台，拥有端到端全生命周期的解决方案能力。

目前 Hadoop 使用较多的发行版主要有 Apache Hadoop、Cloudera Hadoop(CDH)和 Hortonworks Data Platform(HDP)三个版本。

第三节　Spark 处理框架

一、Spark 的由来与发展

针对 MapReduce 及各种专用数据处理模型在计算性能、集成性、部署运维等方面的问题，2009 年加州大学伯克利分校 AMP 实验室开始研发全新的大数据处理框架，即 Spark，它最初属于伯克利大学的研究性项目，后来在 2010 年正式开源，并于 2013 年 6 月进入 Apache 成为孵化项目，之后发生了翻天覆地的变化，2014 年 2 月即成为 Apache 顶级项目。Spark 发展势头更加迅猛，一个多月左右会发布一个小版本，两三个月左右会发布一个大版本，2014 年 5 月正式发布 Spark 1.0 版本，2016 年 7 月正式发布了 Spark 2.0 版本，2020 年 6 月正式发布了 Spark 3.0 版本。

二、Spark 的特点

Spark 是一种基于内存的分布式大数据处理框架，它与 Hadoop 中的 MapReduce 是一个层面上的概念，两者在诸多方面存在着竞争与可比性。本节将通过与 MapReduce 的对比分析来介绍 Spark 的特点。

（1）运行速度快。面向磁盘的 MapReduce 受限于磁盘读/写性能和网络 I/O 性能的约束，在处理迭代计算、实时计算、交互式数据查询等方面并不高效，但这些却在图计算、数据挖掘和机器学习等相关应用领域中极其常见。针对这一不足，将数据存储在内存中并基于内存进行计算是一个有效的解决途径。Spark 是面向内存的大数据处理引擎，这使得 Spark 能够为多个不同数据源的数据提供近乎实时的处理性能，适用于需要多次操作特定数据集的应用场景。官方提供的数据表明，在相同的实验环境下处理相同的数据，若在内存中运行，Spark 要比 MapReduce 快 100 倍；在磁盘中运行时，Spark 要比 MapReduce 快 10 倍。综合各种实验表明，处理迭代计算问题，Spark 要比 MapReduce 快 20 多倍。

与 MapReduce 相比，Spark 在计算性能上有如此显著的提升，主要得益于两个方面：① Spark 是基于内存的大数据处理框架，它既可以在内存中处理一切数据，也可以使用磁盘来处理未全部装入内存中的数据。由于内存与磁盘在读/写性能上存在巨大的差距，因此 CPU 基于内存对数据进行处理的速度要快于磁盘数倍。② Spark 中使用了有向无环图（Directed Acyclic Graph，DAG）这一概念。借助于 DAG，Spark 可以对应用程序的执行进行优化，能够很好地实现循环数据流和内存计算。

（2）易用性好。一方面，Spark 提供了支持多种语言的 API，如 Scala、

Java、Python、R 等，使得用户开发 Spark 程序十分方便。另一方面，Spark 是基于 Scala 语言开发的，Scala 是一种面向对象的、函数式的静态编程语言，其强大的类型推断、模式匹配、隐式转换等一系列功能结合丰富的描述能力，使得 Spark 应用程序代码非常简洁。Spark 的易用性还体现在其针对数据处理提供了丰富的操作。MapReduce 中仅为数据处理提供了两个操作，即 Map 和 Reduce，而 Spark 提供了 80 多个针对数据处理的基本操作，这使得用户基于 Spark 进行应用程序开发非常简洁高效。以分词统计为例，基于 MapReduce 的应用程序代码至少几十行；而基于 Spark 的应用程序核心代码仅需一行，极大地提高了应用程序的开发效率。

(3) 通用性强。Spark 提出并实现了大数据处理的一种理念——“一栈式解决方案(one stack to rule them all)”，即基于软件栈，Spark 可以同时对大数据进行批处理、流处理和交互查询，如图 5-3 所示。

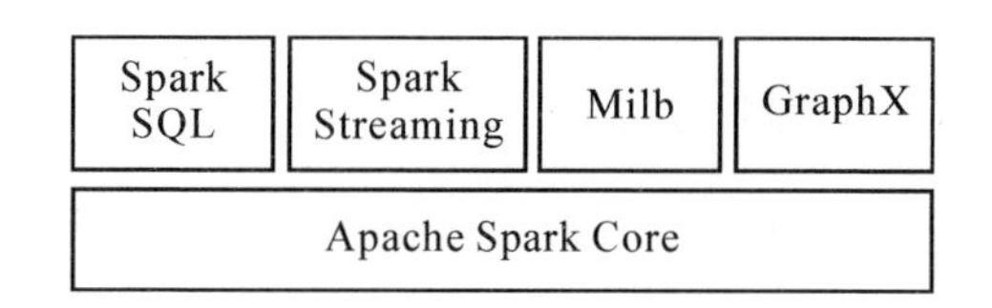

图 5-3 Spark 软件栈

Spark 软件栈包含了多个紧密集成的组件，位于底层的是 Spark Core，其实现了 Spark 的作业调度、内存管理、容错、与存储系统交互等基本功能，并针对弹性分布式数据集(Resilient Distributed Datasets，RDD)提供了丰富的操作。在 Spark Core 的基础上，Spark 提供了一系列面向不同应用需求的组件，主要有交互式查询 Spark SQL、实时流处理 Spark Streaming、机器学习 MLib 及图计算 GraphX。Spark 这些核心组件都可以在一个 Spark 应用程序中无缝对接、综合使用。

在 Spark 未出现之前，要在一个栈内同时完成多种大数据分析任务，就必须与多套大数据系统打交道，这加大了开发与运维的复杂度，如使用 MapReduce 上的 Hive、Mahout、Pig 等组件，需要搭建多套处理框架的集群，学习多套开发框架的 API，从而增加了开发与企业的运营成本。现在借助于 Spark 软件栈，用户可以简单而低耗地把各种处理流程综合在一起，充分体现了 Spark 的通用性。

(4) 随处运行。Spark与其他开源产品的兼容性非常好。如Spark可以使用Hadoop的YARN、Mesos进行资源管理和调度;Spark可以处理Hadoop支持的数据,包括HDFS、HBase和S3等,这对于已使用Hadoop进行数据处理的企业来说是特别重要的,因为不需要做任何数据迁移就能直接使用Spark来进行数据处理,即使原来的数据存储在HDFS或S3上,Spark也能很好地兼容,从而大大减少了数据迁移工作所带来的成本开销。

Spark支持多种运行模式。Spark除了支持运行在YARN或Mesos之上,也提供了自己的资源调度管理系统,即Stan dalone模式。此外,为了本地开发和测试Spark应用程序的方便,Spark也提供了Local运行模式。Spark还能处理本地数据,这进一步降低了Spark的使用门槛,只要在本地通过开发工具搭建好Spark所依赖的相应jar包,就能很方便地使用Spark进行数据处理。

三、Spark核心组件介绍

Spark为大数据应用提供了一个统一的平台。由图5-3可知,Spark总共包含Spark Core、Spark SQL、Spark Steaming、Mlib、GraphX等5个重要组件。Spark Core是整个Spark的核心组件,是一个分布式大数据处理框架,为其他组件提供底层服务。Spark Core中提供了多种资源调度管理,通过内存计算、有向无环图(DAG)等机制来保证分布式计算快速,并引入了RDD的抽象,以保证数据的高容错性。

Spark SQL是用来操作结构化数据的核心组件,通过Spark SQL可以直接查询Hive、HBase等多种外部数据源中的数据。Spark SQL的重要特点是能够统一处理关系表和RDD,在处理结构化数据时,开发人员无须编写MapReduce程序,直接使用SQL命令就能完成更加复杂的数据查询操作。

Spark Streaming是一个对实时数据流进行高吞吐量、容错处理的流式处理系统,其核心原理是将流数据分解成一系列短小的批处理作业,每个短小的批处理作业都可以使用Spark Core进行快速处理。它还可以对多种数据源进行类似map、reduce和join等复杂操作,并将结果保存到外部文件系统、数据库或应用到实时仪表盘。

MLib是关于机器学习功能的算法程序库,包括分类、回归、聚类、协同过滤算法等，还提供了模型评估、数据导入等额外的功能，开发人员只需了解一定的机器学习算法知识就能进行机器学习方面的开发，降低了学习成本。

GraphX 是分布式图处理框架，拥有图计算和图挖掘算法的 API 接口以及丰富的功能和运算符，极大地方便了对分布式图的处理需求，能在海量数据上运行复杂的图算法。与其他分布式图处理框架相比，GraphX 最大的优势是在 Spark 基础上提供了一站式数据解决方案，可以高效地完成图计算的完整流水作业。

Spark 框架各个组件关系密切，并且可以相互调用，这种设计具有以下优势：

(1) Spark 框架包含的所有程序库和高级组件都可以从 Spark 核心引擎的改进中获益。

(2) 不需要运行多套独立的软件系统，能够大大减少运行整个系统的资源代价。

(3) 能够无缝整合各个系统，构建不同处理模型的应用。

综上所述，Spark 框架对大数据的支持从内存计算、实时处理到交互式查询，进而发展到图计算和机器学习模块。Spark 框架广泛的技术面，一方面挑战占据大数据市场份额最大的 Hadoop，另一方面又随时准备迎接后起之秀 Flink、Kafka 等计算框架的挑战，从而使 Spark 在大数据领域更好地发展。

四、Spark 与 MapReduce 对比

Spark 是在借鉴 MapReduce 的基础之上发展而来的，继承了其分布式并行计算的优点，并改进了 MapReduce 明显的缺陷，具体如下：

(1) Spark 把中间数据存放在内存中，对于迭代运算而言效率更高，这使其非常适合迭代运算比较多的数据挖掘和机器学习。MapReduce 中计算结果需要落地，保存到磁盘上，这样势必会影响整体速度，而 Spark 支持 DAG 图的分布式并行计算的编程框架减少了迭代过程中数据的落地，提高了处理效率。

(2) Spark 容错性高。Spark 引进了 RDD 的抽象，它是分布在一组节点

中的只读对象集合，这些集合是弹性的，如果数据集的一部分丢失，则可以根据“血统”(即允许基于数据衍生过程)对它们进行重建。

(3) Spark 比 MapReduce 通用性更高。Spark 提供的数据集操作类型有很多种，而 MapReduce 只提供了 Map 和 Reduce 两种操作。

(4) Spark 可用性。Spark 通过提供丰富的 Scala、Java、Python API 及交互式 Shell 来提高可用性。Spark 可以和 MapReduce 运行在同一集群中，共享存储与计算资源。

Spark 是基于内存的迭代计算框架，适用于需要多次操作特定数据集的场合。需要反复操作的次数越多，需要读取的数据量越大，性能提升越大；数据量小但是计算密集度较大的场合，性能提升就相对较小。

由于 RDD 的特性，Spark 不适合那种需要异步细粒度更新状态的应用，如 Web 服务的存储或者增量的 Web 爬虫和索引。

总体来说，Spark 的适用范围较广，且较为通用。随着 Spark 的日趋完善，Spark 以其优异的性能正逐渐成为下一个业界和学术界的开源大数据处理平台。

参考文献

[1] 朱洁，罗华霖. 大数据架构详解[M]. 北京：电子工业出版社，2016.

[2] 朱进云，陈坚，王德政. 大数据架构师指南[M]. 北京：清华大学出版社，2016.

[3] 肖睿，雷刚跃. Hadoop & Spark 大数据开发实战[M]. 北京：中国水利水电出版社，2017.

[4] 经管之家，董铁群，曹正凤，等. Spark 大数据分析：技术与实战[M]. 北京：电子工业出版社，2017.

[5] ApacheSpark 3. 1. 1 发布[EB/OL]. [2021 - 03 - 02]. http://spark. apache. org/.

[6] Apache Hadoop 3. 2. 2 发布[EB/OL]. [2021 - 1 - 9]. https://hadoop. apache. org/.

>>>>>>> 第六章

大数据分析与可视化

大数据分析与可视化是大数据从数据转换为价值的最重要的环节。目的是萃取和提炼隐藏在一大批数据中的信息，以找出所研究对象的内在规律，从而帮助人们理解、判断、决策和行动。在大数据分析的帮助下，人们可以发现企业数据背后的价值，理解生病的缘由，发现交通拥堵的原因、路段、时间，发掘用户行为特征，预测交通拥堵的时段或地震发生的时间……

大数据对分析和可视化提出了更高的要求：要求数据分析从联机分析处理和报表向数据发现转变，从企业分析向大数据分析转变，从结构化数据向多结构化数据转变；要求分析和可视化能够支持对 PB 级以上的大数据进行分析；要求能够支持对关系型、非关系型、多结构化、机器生成的数据做分析；要求能够支持重组数据成为新的复杂结构数据并进行分析和可视化，如图分析、时间/路径分析；要求大数据的分析支持更快、更适应性的迭代分析；要求分析平台能够支持广泛的分析工具和编程方法。

本章将从大数据分析类型、大数据分析方法、大数据分析技术及大数据可视化几个方面介绍大数据分析与可视化的相关内容。

第一节　大数据分析类型

按照数据分析的目的可以将大数据分析分为描述性分析、诊断性分析、预测性分析和规范性分析。

一、描述性分析

描述性分析(descriptive analytics)是指通过图表形式加工处理和显示收集的数据，进而综合概括和分析出反映客观现象的规律，即描绘或总结所采集到的数据。利用可视化工具，能够有效增强描述性分析所提供的信息。描述性分析回答“发生了什么”的问题，是分析的最基本形式。

常用的描述数据的指标有平均数、中位数、众数、极差、分位距、平均差、标准差和离散系数等。

（一）描述数据的集中趋势

(1) 平均数。概括数据的强有力的指标。通过消除极端数据的差异，将大量的数据浓缩成一个数据来概括，可以较好地实现数据集中趋势的度量，但这种过度的浓缩容易受极端值影响。

(2) 中位数。按顺序排列的一组数据中居于中间位置的数，主要用于描述顺序数据的集中趋势，也适用于定量数据的集中趋势分析，但不适用于分类数据的描述或分析。中位数不受极端值的影响，可以用于分析收入分配等数据。

(3) 众数。一组数据中出现次数最多的变量值，主要用于描述分类数据的特点，也可用于顺序数据和定量数据的特征分析。众数一般在数据量较大的情况下才有意义，它也不受极端值的影响，但在一组数据中可能不唯一。

（二）描述数据的离散趋势

(1) 极差。又称全距，是一组数据中最大值和最小值的差，是测定离中趋势的指标之一。它能说明数据组中各数据的最大变动范围，但由于它是根据数据组的两个极端值进行计算的，并没有考虑到中间值的变动情况，因此不能充分反映数据组中各项数据的离中趋势，只是一个较粗糙的测定数据离中趋势的指标。

(2) 分位距。从一组数据中剔除了一部分极端值后重新计算的类似于全距的指标。例如，四分位距是第 3 个四分位数减去第 1 个四分位数的差的一半，反映了数据组中间部分各变量值的最大值与最小值距离中位数的平均离差。

(3) 平均差。反应数据组中各项数据与算术平均数之间的平均差异。平均差越大，表明各项数据与算术平均数的差异程度越大，则该算术平均数的代表性就越小。当变量数列由没有分组的数据构成时，可采用平均差分析该数列。

(4) 标准差。其实质与平均差基本相同，只是数学处理方法不同，平均差用取绝对值的方法消除离差的正负号，然后用算术平均数的方法求出平均离差；而标准差用平方的方法消除离差的正负号，然后对离差的平方计算算术平均数，最后开方求出标准差，既克服了平均差消除正负号带来的弊端，又增强了指标本身的灵敏度，因此是描述数据离中趋势的重要指标。

(5) 离散系数。比较数据平均水平不同的两组数据离中程度的大小，即相对离中程度。与标准差相比，离散系数的优势在于不需要参照数据的平均值。离散系数是一个无量纲的指标，因此在比较量纲不同或均值不同的两组数据时，应该采用离散系数而非标准差作为参考指标。

二、诊断性分析

诊断性分析(diagnostic analytics)用于确定过去发生事情的原因，即“为什么会发生”的问题。

相关的问题可能包括：为什么第二季度商品比第一季度卖得多？为什么来自东部地区的求助电话比来自西部地区的要多？为什么最近三个月内病人再入院的比例有所提升？

诊断性分析比描述性分析提供了更加有价值的信息，但同时也要求更加高级的训练集。诊断性分析常常需要从不同的信息源搜集数据，并将它们以一种易于进行下钻和上卷分析的结构加以保存。而诊断性分析的结果可以由交互式可视化界面显示，让用户能够清晰地了解模式与趋势。诊断性分析是基于分析处理系统中的多维数据进行的，而且，与描述性分析相比，它的查询处理更加复杂。

三、预测性分析

预测性分析(predictive analytics)基于对现有数据的理解，通过使用各种统计和机器学习算法来帮助预测未来结果的可能性，主要回答“可能发生什么”的问题。

预测分析的本质是设计模型，包括建立和验证提供准确预测的模型。使现有的数据被理解为推断未来的事件或简单地预测未来的数据。预测分析是一个复杂的领域，需要大量数据，熟练的预测模型实现及其调整以获得准确的预测。

预测分析常依赖于机器学习算法，如随机森林、支持向量机等，以及用于学习和测试数据的统计数据。

四、规范性分析

规范性分析(prescriptive analytics)是预测性分析的下一步，它大量使用人工智能，利用一个强大的反馈系统，不断学习和更新行动和结果之间的关系，通过模拟和优化来询问“应该做什么”。例如，预测未来 24 h 内电网的负荷是预测分析的一个例子，而根据预测决定如何运行发电厂则代表规范性分析。规范性分析从数据开始，以决策结束。它结合了以上所有分析技术的见解，被称为数据分析的最终领域。

规范性分析的数据既可以是内部的(组织内部数据)，也可以是外部的(例如社交媒体数据)。规范分析依赖于优化和基于规则的决策技术。数学模型包括自然语言处理、机器学习、统计、运筹学等。

规范性分析本质上是相对复杂的，如果实施得当，可能会对业务增长产生重大影响。大型组织使用规范分析来计划供应链中的库存，优化生产等，以优化客户体验。同样，医院和诊所也可以使用规范性分析来改善患者的治疗效果。例如，Aurora Health Care 系统通过使用规范性分析，基于医疗保健数据分析哪些医院患者重新入院的风险最高，以便卫生保健提供者可以通过患者教育和医生随访做更多工作，将再入院率降低10%，每年节省了600万美元。

第二节 大数据分析方法

大数据分析将数据和分析技术相结合，从数据中挖掘有价值的信息。本节将重点介绍大数据分析中常用的数据分析方法。

一、回归分析

回归分析（regression analysis）使用方程来表示感兴趣的变量（称为响应变量、被解释变量或因变量）与一系列相关变量（称为预测变量、解释变量或自变量）之间的关系，是预测响应变量的一个有用的工具。

（一）线性回归

线性回归是利用线性回归方程的最小平方函数对一个或多个自变量和因变量之间的关系进行建模的一种回归分析。该函数是一个或多个称为回归系数的模型参数的线性组合。只有一个自变量的情况称为简单回归，多于一个自变量的情况称为多元回归。线性回归适用于处理数值型的连续数据。

在线性回归中，使用线性预测函数来对数据进行建模，并且未知的模型参数也是通过数据来估计的，而所构成的模型称为线性回归模型。其中，最常用的线性回归模型是给定 x 值时，y 的条件均值是 x 的仿射函数。线性回归模型可以用由一个中位数或一些其他给定 x 的条件下 y 的条件分布的分位数所构成的线性函数表示。与其他形式的回归分析一样，线性回归也把焦点放在给定 x 值时 y 的条件概率分布上，而不是放在 x 和 y 的联合概率分布上。

线性回归模型经常采用最小二乘法来拟合，也可以用其他方法。由于线性依赖于其未知参数的模型比非线性依赖于其位置参数的模型更容易拟合，而且所要估计的统计特性也更容易确定，因此线性回归在实际中得到了广泛的运用。但是线性回归存在一些缺陷，如当数据呈现非线性关系时，线性回归将只能得到一条“最适合”的直线。

（二）逻辑回归

逻辑回归是一种广义线性回归，与多重线性回归有很多相同之处。逻辑回归的因变量可以是二分类的，也可以是多分类的，但是二分类的因变量更常用，也更容易解释。它的核心思想是，如果回归的结构输出是一个连续值，而值的范围是无法限定的，那么将这个连续结果值映射为可以帮助分析者判断的结果值，从而进行分类。所以，本质上讲，逻辑回归是在回归的基础上进行了改进，而被用于分类问题上。

二、分类

分类(classification)是一种重要的数据挖掘技术。分类的目的是根据数据集的特点构造一个分类函数或分类模型(也常常称作分类器)，该模型能把未知类别的样本映射到给定类别中的某一个。例如，信用卡管理中心可以根据持卡人的各类情况诸如年龄、受教育程度、职业、收入、婚姻状况等，以及信用卡使用的信用状况，得出一个信用卡欺诈事件与持卡人综合状况的模型，据此，可以推演新的信用卡申请人发生信用卡欺诈的可能性，从而进行拒绝或采取额度限制等防范措施。

分类的基本过程可以分为**建立分类模型**和**应用分类模型**两个阶段。通常，建立分类模型时，会将一组原始数据分成两个部分。一部分数据用于分类模型学习建立分类算法，称为数据的**训练数据集**。很显然，能够用于数据分类从而建立分类模型的数据必须具有一个类别属性，分类算法将根据数据的其他属性与类别属性的关联关系采用不同的学习算法进行归纳、划分和汇聚，从而建立起分类模型。另一部分数据则用来对建立的模型进行测试和评估，称为数据的**测试数据集**。经检验和评估能够满足要求的分类模型，才可以用于对新采集到的数据或者是尚未确定分类的数据进行分类处理。

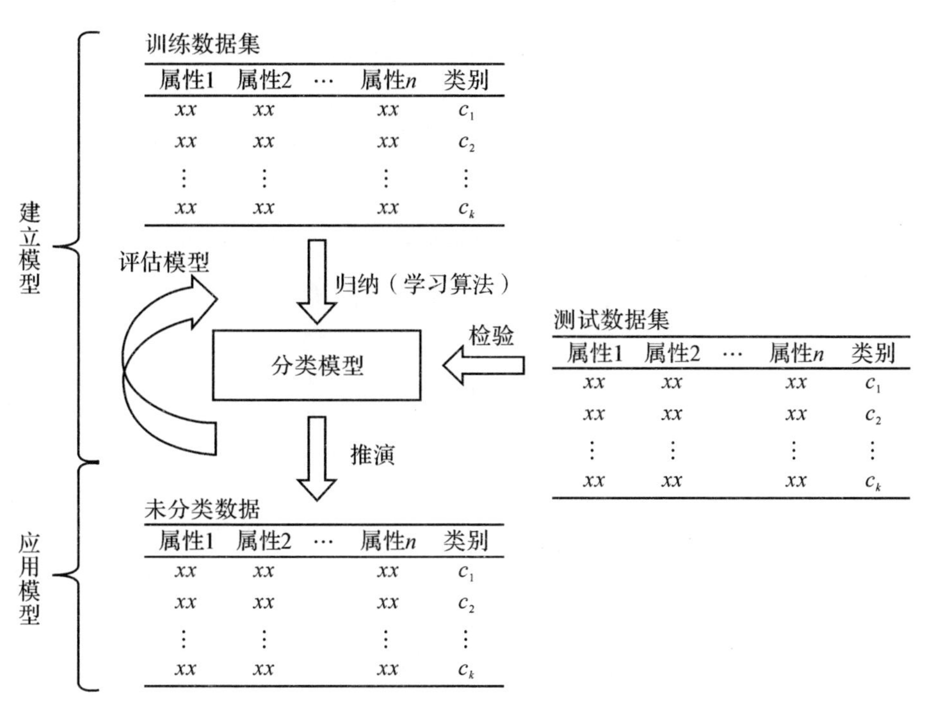

图 6－1　分类的基本原理和过程

分类和回归都可以用于预测。和回归不同的是，分类的输出是离散的类别值，而回归的输出是连续或有序值。

常用的分类模型算法有规则归纳、决策树、贝叶斯、人工神经网络、k-近邻、支持向量机以及基于关联规则的分类，下面介绍其中几种具体算法。

（一）决策树

决策树（decision tree）是在已知各种情况发生概率的基础上，计算各种情况的期望损益值或信息价值，借助树型结构进行比较和抉择的决策分析方法，是直观运用概率分析的一种图解法。由于这种决策分支画成图形如同一棵树的枝干，故称决策树。

决策树算法是用于分类和预测的主要技术之一，通过决策学习来建立决策树模型，可以发现和表示出属性和类别间的关系，并据此预测将来未知类别的记录的类别。决策树分类算法采用自顶向下的递归方式，在决策树的内部结点进行属性的比较，根据不同属性值构造分支，最终在决策树的叶结点得到结论。

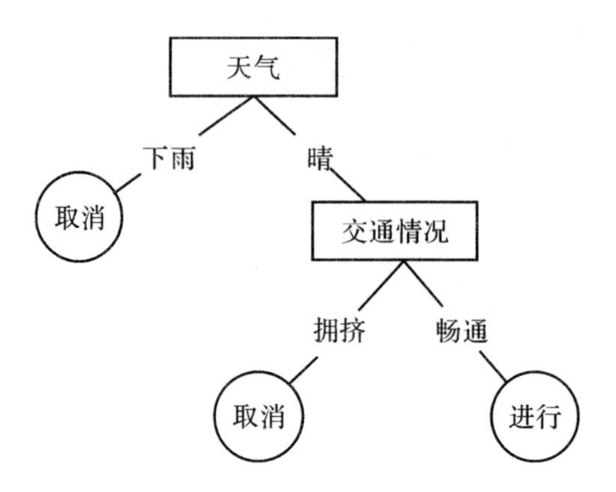

图 6-2 是否举行活动的决策树

决策树算法有很多变种,如 ID3、C4.5、C5.0 和 CART 等,它们的基本思想类似,但是在选择测试属性所采用的技术、生成的决策树的结构、剪枝的方法和时刻,以及能否处理大数据集等方面都有各自的特点。

决策树分类方法的优势在于:① 决策树模型相对容易理解和解释;② 不需要任何领域知识或参数设置,适合于探索性的知识发现;③ 能同时处理数据型和常规型属性;④ 易于通过静态测试来对模型进行评测;⑤ 算法不需要高昂的计算代价,即使训练集巨大,也可快速建立模型,对未知样本的分类速度非常快,特别是效性的决策树,简单数据集的分类准确率高。不足之处则在于:① 对于类别样本数量不一致的数据,在决策树当中,信息增益的结果偏向于那些具有更多数值的特征;② 处理缺失数据时有点困难;③ 出现过度拟合问题;④ 忽略了数据集中属性之间的相关性。

(二) 贝叶斯

贝叶斯(Bayes)分类算法是一类利用概率统计知识进行分类的算法,基本原理是在已知某对象的类属性的先验概率的情况下,利用贝叶斯定理和公式计算其后验概率,即该对象属于某一类属性的概率,选择具有最大后验概率的类作为该对象归纳的类别。

朴素贝叶斯(naive Bayes)分类是贝叶斯分类中最简单也是最常见的一种分类方法。它有着坚实的数学基础和稳定的分类效率,所需估计的参数很少,对缺失数据不太敏感,算法也比较简单。不过由于朴素贝叶斯模型假设属性之间相互独立，而该假设在实际应用中往往不成立，因而其分类准确性就会下降。由此就出现了很多降低独立性假设的贝叶斯分类算法，如树扩展型朴素贝叶斯(tree augmented naive Bayes，TANB)算法，它是通过在贝叶斯网络结构的基础上增加属性对之间的关联来实现的。

贝叶斯理论被广泛应用于文本分类中，如可以进行网页内容的主题分类、垃圾邮件的识别等。

（三）支持向量机

支持向量机(support vector machine，SVM)是一种监督学习方法，通常用来进行模式识别、分类及回归分析。SVM 的主要思想可以概括为两点：① 针对线性可分的情况进行分析；而对于线性不可分的情况，则通过使用非线性映射算法将低维输入空间中线性不可分的样本映射到高维特征空间，使其线性可分，从而使得在高维特征空间中采用线性算法对样本的非线性特征进行线性分析成为可能。② 基于结构风险最小化理论，在特征空间中构建最优超平面，使分类器得到全局最优化，并且让整个样本空间的期望风险以某个概率满足一定的上界。

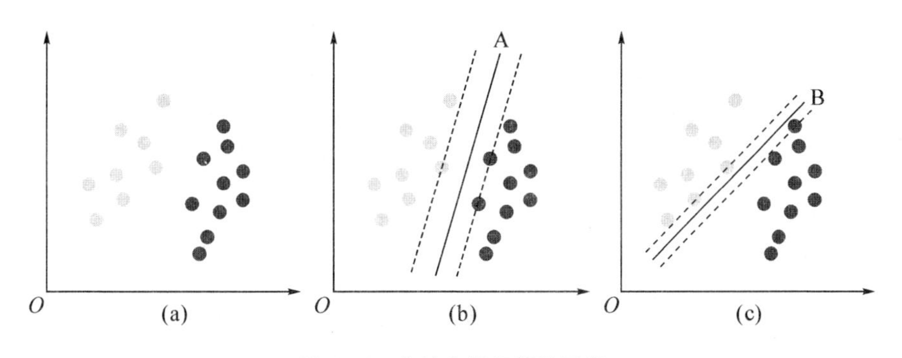

图 6-3　支持向量机算法示意

如图 6-3 所示，SVM 的目的是寻找一个最优分割面，使得分类间隔最大化。

传统的分类分析算法在对模型进行训练之前，需要得到整个训练数据集。然而，在大数据环境下，数据以数据流的形式源源不断地流向系统，因此不可能预先获得整个训练数据集。研究者提出一种加权的朴素贝叶斯分类器和误差敏感的分类器，可以应用于大数据环境下含有噪音的流数据的在线分类预测。而针对大数据重要组成部分——图像数据的实时分类问题,研究人员提出基于MapReduce框架的并行在线极端学习机算法,能实现大数据图像的快速、准确分类。

三、聚类分析

聚类(clustering)是一种无监督学习方法,即在预先不知道分类标签的情况下,根据信息相似度原则进行信息集聚。聚类的目的是将数据分类到不同的相似组(称为簇),并使得簇内的相似度较高,而簇间的相似度较低。

聚类分析可以应用在数据预处理过程中,结构复杂的多维数据可以通过聚类分析的方法进行聚集,使复杂结构数据标准化。聚类分析还可以用来发现数据项之间的依赖关系,从而去除或合并有密切依赖关系的数据项。聚类分析也可以为某些数据挖掘方法(如关联规则、粗糙集方法)提供预处理功能。

聚类分析是一个活跃的研究领域,已经有大量的、经典的和流行的算法涌现。对于相同的数据,采用不同的聚类算法可能会得到不同的聚类结果。算法的选择取决于数据的类型、聚类的目的和具体应用。

按照聚类分析算法的主要思路,聚类算法主要可以归纳为五种类型:基于划分的聚类方法、基于层次的聚类方法、基于密度的聚类算法、基于网格的聚类方法和基于模型的聚类方法。

(一) 基于划分的聚类方法

基于划分的聚类方法是一种自顶向下的方法,对于给定的n个数据对象的数据集D,将数据对象组织成$k(k\leqslant n)$个分区,其中,每个分区代表一个簇。

基于划分的聚类方法中,最经典的就是k-平均(k-means)算法和k-中心(k-medoids)算法,很多算法都是由这两个算法改进而来的。

基于划分的聚类方法的优点是收敛速度快,缺点是它要求类别数目k可以合理地估计,并且初始中心的选择和噪声会对聚类结果产生很大影响。

（二）基于层次的聚类方法

基于层次的聚类方法是指对给定的数据进行层次分解，直到满足某种条件为止。该算法根据层次分解的顺序分为自底向上法和自顶向下法，即凝聚式层次聚类算法和分裂式层次聚类算法。

（1）自底向上法。首先，每个数据对象都是一个簇，计算数据对象之间的距离，每次将距离最近的点合并到同一个簇。然后，计算簇与簇之间的距离，将距离最近的簇合并为一个大簇。不停地合并，直到合并成一个簇，或者达到某个终止条件为止。

簇与簇的距离的计算方法有最短距离法、中间距离法、类平均法等。其中，最短距离法是将簇与簇的距离定义为簇与簇之间数据对象的最短距离。自底向上法的代表算法是 AGNES 算法。

（2）自顶向下法。在一开始，所有个体都属于一个簇，然后逐渐细分为更小的簇，直到最终每个数据对象都在不同的簇中，或者达到某个终止条件为止。自顶向下法的代表算法是 DIANA 算法。

图 6－4 是基于层次的聚类算法的示意图，上方显示的是 AGNES 算法的步骤，下方是 DIANA 算法的步骤。这两种方法没有优劣之分，只是在实际应用的时候要根据数据特点及想要的簇的个数来考虑是自底而上更快还是自顶而下更快。

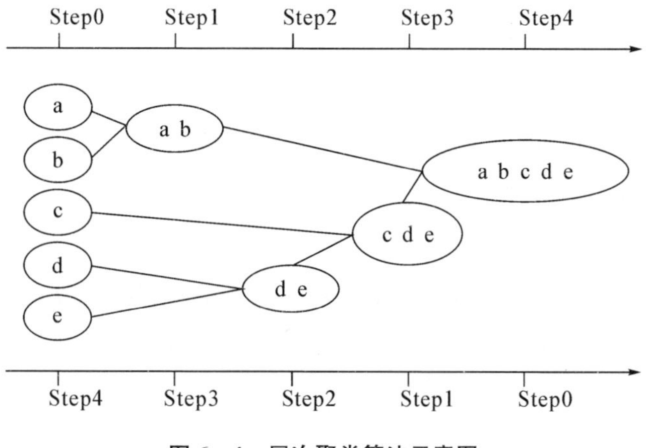

图 6－4　层次聚类算法示意图

基于层次的聚类算法的主要优点包括:距离和规则的相似度容易定义,限制少,不需要预先制定簇的个数,可以发现簇的层次关系。主要缺点包括:计算复杂度太高,奇异值也能产生很大影响,算法很可能聚类成链状。

(三)基于密度的聚类方法

基于密度的聚类方法的主要目标是寻找被低密度区域分离的高密度区域。与基于距离的聚类算法不同的是,基于距离的聚类算法的聚类结果是球状的簇,而基于密度的聚类算法的聚类结果可以是任意形状的簇。

基于密度的聚类方法是从数据对象分布区域的密度着手的。如果给定类中的数据对象在给定的范围区域中,则数据对象的密度超过某一阈值就继续聚类。

这种方法通过连接密度较大的区域,能够形成不同形状的簇,而且可以消除孤立点和噪声对聚类质量的影响,如图 6-5 所示。

基于密度的聚类方法中最具代表性的是 DBSCAN 算法、OPTICS 算法和 DENCLUE 算法。

图 6-5 密度聚类算法示意图

(四)基于网格的聚类方法

基于网格的聚类方法将空间量化为有限数目的单元,可以形成一个网格结构,所有聚类都在网格上进行。基本思想就是将每个属性的可能值分割成许多相邻的区间,并创建网格单元的集合。每个对象落入一个网格单元,网格单元对应的属性空间包含该对象的值,如图 6-6 所示。

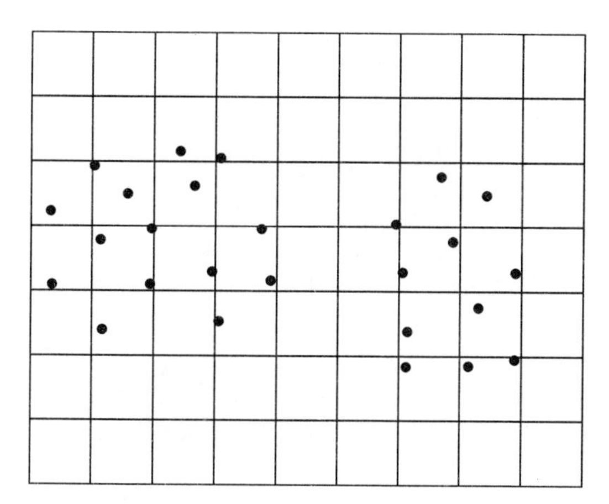

图 6－6 基于网格的聚类算法示意

基于网格的聚类方法的主要优点是处理速度快，其处理时间独立于数据对象数，而仅依赖于量化空间中的每一维的单元数。缺点是只能发现边界是水平或垂直的簇，而不能检测到斜边界。另外，在处理高维数据时，网格单元的数目会随着属性维数的增长而呈指数级增长。

（五）基于模型的聚类方法

基于模型的聚类方法是试图优化给定的数据和某些数学模型之间的适应性的。该方法给每一个簇假定了一个模型，然后寻找数据对给定模型的最佳拟合。假定的模型可能是代表数据对象在空间分布情况的密度函数或者其他函数。这种方法的基本原理就是假定目标数据集是由一系列潜在的概率分布所决定的。通常有两种尝试方案：统计的方案和神经网络的方案。基于统计学模型的算法有 COBWEB、Autoclass，基于神经网络模型的算法有 SOM。

图 6－7 对基于划分的聚类方法和基于模型的聚类方法进行了对比。左侧给出的结果是基于距离的聚类方法，核心原则就是将距离近的点聚在一起。右侧给出的基于概率分布模型的聚类方法，这里采用的概率分布模型是有一定弧度的椭圆。

图 6－7 中标出了两个实心的点，这两点的距离很近，在基于距离的聚类方法中，它们聚在一个簇中，但基于概率分布模型的聚类方法则将它们分在不同的簇中，这是为了满足特定的概率分布模型。

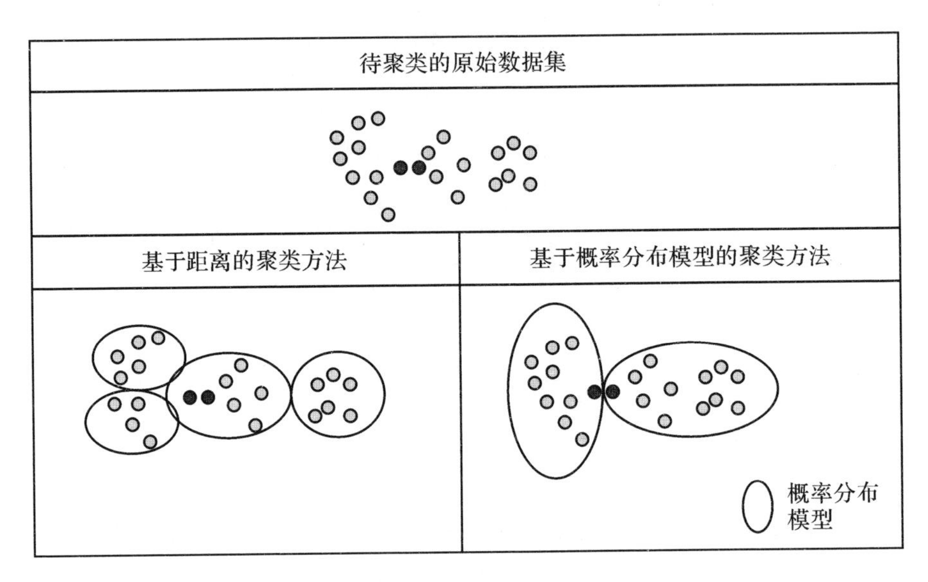

图 6－7　聚类方法对比示意图

在基于模型的聚类方法中，簇的数目是基于标准的统计数字自动决定的，噪声或孤立点也是通过统计数字来分析的。基于模型的聚类方法试图优化给定的数据和某些数据模型之间的适应性。

大数据巨大、复杂的特征对聚类分析技术提出了特殊的挑战，要求算法具有可伸缩性(即对不同规模的数据集都有效)，处理不同类型属性、发现任意形状的类、处理高维数据的能力等。目前，很多学者研究并提出改进的算法，以提高大数据聚类分析的时间效率和效果。如基于 Hadoop 平台的并行化遗传 *k*-means 算法、分布式改进聚类系统过滤推荐算法等。

四、关联规则分析

关联规则分析(association analysis)是指从大量数据中发现各个数据项之间有趣的关联和相关关系，从而对一个事物中某些属性同时出现的规律和模式进行描述。这些规律和模式就是关联规则。

关联分析的一个最典型的例子就是购物篮分析。零售企业根据以往顾客购买商品的品类和数量，以及购买物品的先后顺序，分析得到顾客购买商品的关联关系，以便组织有针对性的促销或营销推荐活动。例如，沃尔玛公司通过对超市一年多来顾客原始购物单据进行仔细分析发现，购买尿布的购物单中往往也会购买啤酒。通过调查发现，美国的妇女们经常会嘱咐她们的丈夫下班以后为孩子买尿布，而丈夫在买完尿布之后又顺手买回自己爱喝的啤酒。基于此，商家把尿布和啤酒摆在一起，结果两者的销量双双提高。

表 6-1 某超市的购物记录

交易号码	商品
0	豆奶、莴苣
1	莴苣、尿布、啤酒、甜菜
2	豆奶、尿布、啤酒、橙汁
3	莴苣、豆奶、尿布、啤酒
4	莴苣、豆奶、尿布、橙汁

表 6-1 中记录了 5 位不同的顾客一次在商场购买的所有商品。结合以上例子，有如下定义。

(1) 事务：一条交易被称为一个事务，如每位顾客一次购买的商品集合。

(2) 项：交易的每一个物品被称为一个项，如尿布、啤酒。

(3) 项集：包含零个或多个项的集合，如{豆奶、尿布、啤酒、橙汁}。

(4) k-项集：包含 k 个项的项集被称为 k-项集，如{尿布}叫做 1-项集，{尿布，啤酒}叫做 2-项集。

(5) 支持度计数：一个项集出现在多少个事务中，它的支持度计数就是多少。例如，尿布出现在 1～4 这 4 个交易所对应的事务中，那么它的支持计数为 4。

(6) 支持度：支持度为支持度计数除以总的事务数。例如以上总的事务数为 5，{尿布}的支持度计数为 4，那么{尿布}的支持度为 4/5。

(7) 频繁项集：支持度大于或等于某个阈值的项集称为频繁项集。例如，设置阈值为 50%时，{尿布}的支持度为 4/5＝80%＞50%，那么，{尿布}是频繁项集。

(8) 前件、后件：于规则"{尿布}→{啤酒}"，{尿布}是前件，{啤酒}是后件。

(9) 置信度:对规则"{尿布}→{啤酒}",{尿布,啤酒}的支持度计数 3 除以{尿布}的支持度计数 5,即为这个规则的置信度 3/5,反映了可预测的程度,即顾客购买了尿布的同时,购买啤酒的可能性有多大。

(10) 强关联规则:大于或等于最小支持度阈值和最小置信度阈值的规则被称为强关联规则。关联分析的最终目标就是要找出强关联规则。

关联规则的经典算法包括 Apriori 算法、FP-growth 算法。

(一) Apriori 算法

Apriori 算法的实质是使用候选项集查找频繁项集,采用逐层搜索的迭代方法,即 k -项集用于搜索($k+1$)-项集。其主要思路是首先找出频繁 1 -项集的集合 L_1,然后 L_1 被用于查找频繁 2 -项集的集合 L_2,L_2 而被用于查找 L_3,直到不能找到频繁 k -项集,其中查找每个集合时都需要扫描一次数据库。

Apriori 算法的核心性质是频繁项集的所有非空子集也必须都是频繁的。例如,假定{c,d,e}是频繁项集,因为任何包含项集{c,d,e}的事务一定包含子集{c,d}、{c,e}、{d,e}、{c}、{d}、{e},所以如果{c,d,e}是频繁的,那么它的所有子集也一定是频繁的。如果一个项集是非频繁的,则其所有超集也一定是非频繁的。即一旦发现{c,d}是非频繁的,则整个包含{c,d}超集的子图可以被立即剪枝。

Apriori 算法的缺点在于:(1) 在每一步产生候选项集时,循环产生的组合过多,没有排除不应该参与组合的元素。(2) 每次计算项集的支持度时,系统都要对数据库中的全部记录进行一次扫描比较,如果是一个大型数据库,这种扫描比较会大大增加计算机系统的 I/O 开销,这种代价随着数据量的激增呈现出几何级数式的增加。

(二) FP-growth 算法

针对 Apriori 算法的缺陷,Jiawei Han 提出 FP-growth 算法。该算法仅需扫描数据两次且无须生成候选项集,提高了频繁项集的挖掘效率。

之前由频繁项集产生关联规则的算法都基于 Apriori 算法框架,这类算法在高密度数据库上的执行性能不佳。FP-growth 算法利用了高效的数据结构 FP-tree,直观并且容易实现,它只需要扫描数据库两次,极大地减少了 I/O 操作次数,并且无须生成候选项集,因而在时间和空间上都提高了处理效率。

FP-growth 采用如下分治策略：首先，将代表频繁项集的数据库压缩为一棵频繁模式树（FP 树），该树仍保留项集的关联信息。然后，把这种压缩的数据库划分成一组条件数据库（一种特殊类型的投影数据库），每个数据库关联一个频繁项或“模式段”，并分别挖掘每个条件数据库。对每个“模式段”，只需要考察与它相关联的数据集。随着被考察模式的增长，这种方法可以显著地压缩被搜索的数据集的大小。

随着大数据的发展，很多研究人员对关联规则的挖掘问题进行了大量的改进研究，以处理大规模数据集，如并行关联规则挖掘、数量关联规则挖掘等以提高算法的效率和适应性。

五、时间序列分析

时间序列分析（time-series analysis）是一种广泛应用的数据分析方法，主要用于描述和探索现象随时间发展变化的数量规律性。近年来，时间序列挖掘在宏观经济预测、金融分析、市场营销等多个领域得到广泛应用。

一般来说，时间序列被看作是一个随机过程的实现。分析的基本任务是揭示支配观测到的时间序列的随机规律，通过所了解的这个随机规律，我们可以理解所要考虑的动态系统，预报未来的事件，并且通过干预来控制将来事件。Box 和 Jenkins（1970）的专著 *Time Series Analysis：Forecasting and Control* 是时间序列分析发展的里程碑，提供了对时间序列进行分析、预测，以及对 ARIMA 模型进行识别、估计和诊断的系统方法，简称 B-J 方法。对于通常的 ARIMA 的建模过程，B-J 方法的具体步骤如下：

（一）关于时间序列进行特性分析

一般从时间序列的随机性、平稳性和季节性三个方面进行考虑。对于一个非平稳时间序列，若要建模首先要将其平稳化，如通过差分的方法。如果序列具有周期波动特点，为了消除周期波动的影响，通常引入季节差分。序列如果具有某类函数趋势，则可以引入某种函数变换，将序列转化为线性趋势，然后再进行差分以消除线性趋势。

（二）模型的识别与建立

首先需要计算时间序列的样本的自相关函数和偏自相关函数，利用自相关函数分析图进行模型识别和定阶。一般来说，使用一种方法往往无法完成模型识别和定阶，并且需要估计几个不同的确认模型。在确定了模型阶数后，要对模型的参数进行估计。得到模型之后，应该对模型的适应性进行检验。

（三）模型的预测与模型的评价

B-J 方法通常采用了线性最小方差预测法。一般地，评价和分析模型的方法是对时间序列进行历史模拟。此外，还可以做事后预测，通过比较预测值和实际值来评价预测的精确程度。

六、非结构化大数据分析及深度学习

1. 文本挖掘

文本挖掘可以定义为一个知识密集型的处理过程，在此过程中，用户使用一套分析工具处理无结构特征或具有半结构特征的文本集，包括新闻文章、研究论文、书籍、期刊、报告、专利说明书、会议文献、技术档案、政府出版物、数字图书馆、技术标准、产品样本、电子邮件信息、Web 页面等。

文本挖掘的过程是通过文本分析、特征提取、模式分析的过程来实现的，主要技术包括：分词、文本结构的分析、文本特征的提取、文本检索、文本自动分类、文本自动聚类、话题检测与追踪、文本过滤、文本关联分析、信息抽取、半结构化文本挖掘等。

2. 语音数据挖掘

语音大数据指个人或组织在生产经营活动中产生的以音频为载体的信息资源，广泛存在于各类传统呼叫中心、互联网、移动互联网等各类业务系统中。如何从音频信息中获得有价值的信息也是大数据分析的重要方向。

语音识别技术是解决语音大数据实际应用问题的重要技术和基础。基于语音识别进行语音大数据分析的关键技术包括：

（1）文本转写，即语音、音频信息转换文本的过程。语音识别文本转写的准确程度与语言模型密切相关,需要完成具体所涉及的专有名词、术语的语料素材收集,并在此基础上构建有针对性的语言模型。

(2) 关键词提取。本质上与文本转写十分类似,但为了提高处理速度与准确性,系统可以只完成一些配置的关键词,只针对这些关键词的出现位置(时间点)、频次进行统计,并不需要进行完整的文本转写。

(3) 声纹识别。需要完成语音大数据中不同角色的区隔,与文本转写相结合,可以在区分对话者的基础上了解不同对话者的对话内容。

(4) 语音情绪识别。情绪对语音的影响主要表现在基音曲线、连续声学特征、语音品质三个方面。

(5) 语义理解。在语音大数据的开发过程中,为了准确地挖掘出语音大数据的特征,必须有面向业务领域的语义理解技术,以解决针对同一对象的不同描述问题,即解决特征的归类和聚类问题。

3. 图像识别与分析

图像识别是计算机对图像进行处理、分析和理解,以识别各种不同模式的目标和对象的技术。识别过程包括图像预处理、图像分割、特征提取和判断匹配。图像识别技术为人类视觉提供了强有力的辅助和增强。未来,图像识别技术将会同人工智能技术融合,完成传统方式中人类大脑依据视觉信息完成的工作。例如,传统监控需要有人在电视墙前时刻保持高度警惕,然后再通过自己对视频的判断来得出结论,但人的疲劳、视觉局限和注意力分散等往往会影响监控效果。有了成熟的图像识别技术和人工智能的支持,计算机可以自行对视频进行分析和判断,发现异常情况直接报警,带来更高的效率和准确度。

4. 深度学习

许多研究表明,为了能够学习表示高阶抽象概念的复杂函数,解决目标识别、语音感知和语言理解等人工智能相关任务,需要引入深度学习。在处理计算机视觉、自然语言处理、语音识别等人工智能的复杂问题时,深度学习模型更易于学习表示高层抽象的函数,具有更强的表达力。通过特征选择,深度学习还可以有效提高分类器的准确率,从而优化预测效果。

深度学习起源于对神经网络的研究,是新兴的机器学习研究领域,旨在研究如何从数据中自动地提取多层特征表示,其核心思想是通过数据驱动的方式采用一系列的非线性变换，从原始数据中提取由低层到高层、由具体到抽象、由一般到特定语义的特征。

卷积神经网络(convolutional neural networks)模型是一种典型的深度学习模型，是人工神经网络的一种，已成为当前语音分析和图像识别领域的研究热点。卷积神经网络的权值共享网络结构使之更类似于生物神经网络，降低了网络模型的复杂度，减少了权值的数量。该优点在网络的输入是多维图像时表现得更为明显，使得图像可以直接作为网络的输入，避免了传统识别算法中复杂的特征提取和数据重建的过程。卷积神经网络主要用来识别位移、缩放及其他形式扭曲不变性的二维图形。

大数据时代，一方面，传统方法无法处理体量浩大、多源异构、变化快速的数据，提取稀疏而珍贵的价值。神经网络具有强大的特征提取与抽象能力，能够整合多源信息，处理异构数据，捕捉变化动态，是大数据实现价值转化的桥梁。另一方面，体量浩大的大数据为神经网络提供了充足的训练样本，使得训练越来越大规模的神经网络成为可能。随着硬件技术发展和计算能力的提升，训练大规模神经网络处理大数据的速度不断提高。近年来，世界上各大知名企业和高校，如 Google、微软、百度、斯坦福大学、加利福尼亚大学伯克利分校等，相继投入重金与人力研究基于人工神经网络的大数据分析方法，并不断在语音大数据、图像大数据、文本大数据等大数据应用领域取得巨大的突破，极大推动了大数据商业应用与科学研究的变革与发展。随着神经网络各类应用的成功和成熟，医学和医疗领域也出现了新的突破。2016 年 1 月，美国 Enlitic 公司开发的基于深度神经网络的癌症检测系统，适用于从 X 光、CT 扫描、超声波检查、MRI 等的图像中发现恶性肿瘤，其中，肺癌检出率超过放射技师水平。同年，Google 利用医院信息数据仓库的医疗电子信息存档中的临床记录、诊断信息、用药信息、生化检测、病案统计等数据构建病人原始信息数据库，包括病人的用药信息、诊断信息、诊疗过程、生化检测等信息，采用基于神经网络的无监督深度特征学习方法学习病人的深度特征表达，并借助这一表达进行自动临床决策，其准确率超过 92%。这些成果为实现基于医疗大数据的精准医疗打下了扎实基础。

第三节 大数据分析工具

大数据分析工具是指通过数据挖掘、语义分析、预测性分析等技术，在合理时间内对规模巨大的数据进行获取、管理、处理、整理，展现数据价值的软件项目。随着企业、机构数据量不断攀升，数据种类和结构愈加丰富，数据分析场景日益多样化，大数据分析工具得到充分发展。当前，全球大数据分析工具市场产品呈现多行业、多场景遍地开花的状态。

一、大数据分析工具现状

目前并没有适合所有场合的大数据分析软件与工具。由于不同的公司有不同的需要，处理的数据规模和种类也不同，因此不同的公司使用的分析软件或工具是不同的，有的项目可能只需要简单的电子表格，而有的项目则需要多种大型软件和工具的组合。以美国纽约市政府为例，其最初的大数据分析就仅仅采用了电子表格。而随着纽约市政府服务项目的深入和复杂化，大数据分析同时用到的工具和软件包括：应用程序接口（application programming interfaces）、数据共享（data share）、数据桥（data bridge）、数据元素交换程序（data element exchange program）、地理标记/地理编码（geo-tagging/geo-coding）等。

大数据分析专家 Devenport 和 Harris 列举出的分析工具包括：电子表格、在线分析处理（OLAP）、统计或定量算法、规则引擎（rule engines）、数据挖掘工具、文本挖掘工具、模拟工具、文本分类（text categorization）、遗传算法（genetic algorithms）、信息提取（information extraction）、群智能（swarm intelligence）。总体而言，大数据分析工具通常非常复杂、程序密集，需要多种技能才能有效应用。按分析流程划分，大数据分析软件可分为查询与报告（query and reporting）软件、在线分析处理软件、数据挖掘软件、可视化软件（包括“仪表盘” 软件）。所谓数据仪表盘（dashboard）主要指监控型的信息显示。它的功能是展示“正在发生的”情况。例如网络营销人员需要监控搜索引擎如百度的关键词推广状况，人力资源总监需要监控各个员工的 KPI 考核情况，销售总监需要监控每个业务员的绩效达标情况等。

大数据和大数据分析的产生，使企业对它们兴趣高涨。大数据分析在研究大量的数据的过程中寻找模式、相关性和其他有用的信息，可以帮助企业更好地适应变化，并做出更明智的决策。

目前，世界上主流的大数据分析工具有如下几种：

(1) Hadoop。Hadoop 是 Apache 软件基金会下一个开源的大数据框架、一个分布式计算的解决方案。Hadoop 的两个核心——HDFS(Hadoop Distributed File System)和 MapReduce 解决了数据存储问题和分布式计算问题。Hadoop 为用户提供了系统底层细节透明的分布式基础架构，其高容错性、高伸缩性、高效性等优点让用户可以将 Hadoop 部署在低廉的硬件上，形成分布式系统。Hadoop 带有用 Java 语言编写的框架，因此运行在 Linux 生产平台上非常理想。Hadoop 上的应用程序也可以使用其他语言如 C++ 等编写。

(2) HPCC。HPCC 是 high performance computing and communications(高性能计算与通信)的缩写。1993 年，美国科学、工程、技术联邦协调理事会向美国国会提交了“重大挑战项目：高性能计算与通信”的报告，也就是被称为“HPCC 计划”，即美国总统科学战略项目的报告，其目的是通过加强研究与开发解决一批重要的科学与技术挑战问题。HPCC 是美国为建设“信息高速公路”而实施的计划，该计划的实施耗资百亿美元，其主要目标是：开发可扩展的计算系统及相关软件，以支持(TB)网络传输性能，开发千兆比特网络技术，扩展研究和教育机构及网络连接能力。

(3) Storm。Storm 是自由的开源软件，是一个分布式的、容错的实时计算系统。Storm 可以非常可靠地处理庞大的数据流，用于处理 Hadoop 的批量数据。Storm 是可扩展的、容错的，并且容易设置和操作，支持许多种编程语言。Storm 有许多应用领域：实时分析、在线机器学习、不停顿的计算、分布式 RPC(远程过程调用协议，一种通过网络从远程计算机程序上请求服务，而不需要了解底层网络技术的协议)、ETL(extraction-transformation-loading 的缩写，即数据抽取、转换和加载)等。Storm 的处理速度惊人，经测试，每个节点每秒钟可以处理100万个数据元组。Storm由Twitter开源而来，其知名的企业应用包括Groupon、淘宝、支付宝、阿里巴巴、乐元素、Admaster等。

(4) Apache Drill。为了帮助企业用户寻找更为有效的加快Hadoop数据查询的方法，Apache软件基金会发起了一项名为"Drill"的开源项目。"Drill"作为Apache孵化器项目来运作，将面向全球软件工程师持续推广。该项目将会创建出开源版本的谷歌Dremel Hadoop工具（谷歌使用该工具来为Hadoop数据分析工具的互联网应用提速）。而"Drill"将有助于Hadoop用户达到更快查询海量数据集的目的。该项目帮助谷歌实现海量数据集的分析处理，包括分析抓取Web文档、跟踪安装安卓市场（Android Market）上的应用程序数据、分析垃圾邮件、分析谷歌分布式构建系统上的测试结果等等。通过开发"Drill"Apache开源项目，组织机构将有望建立Drill的应用程序接口（API）和灵活强大的体系架构，从而支持广泛的数据源、数据格式和查询语言。

(5) RapidMiner。RapidMiner是世界领先的数据挖掘解决方案。它的数据挖掘任务涉及范围广，能简化数据挖掘过程的设计和评价。它能免费提供数据挖掘技术和库，完全采用Java编程，支持Java API。RapidMiner可以使用简单脚本语言自动进行大规模进程，支持通过命令行（批处理模式）实现自动大规模应用。它的数据挖掘过程简单、强大且直观，拥有多层次的数据视图，确保数据有效和透明，并通过内部XML保证了以标准化的格式来表示交换数据挖掘过程。它有强大的可视化引擎，许多尖端的高维数据的可视化建模，提供图形用户界面的互动原型。RapidMiner目前已成功地应用在许多不同的领域，包括文本挖掘、多媒体挖掘、功能设计、数据流挖掘、集成开发的方法和分布式数据挖掘等，并且受到了400多个数据挖掘运营商的支持。

(6) Pentaho BI。Pentaho BI平台是一个以流程为中心的面向解决方案（solution）的框架。其目的在于将一系列企业级BI产品、开源软件、API等组件集成起来，方便商务智能应用的开发。它的出现，使得一系列的面向商务智能的独立产品如Jfree、Quartz等能够集成在一起，构成一项项复杂的、完整的商务智能解决方案。Pentaho BI平台是以流程为中心的，因为其中枢控制器是一个工作流引擎。工作流引擎使用流程定义来定义在BI平台上执行的商业智能流程。流程可以很容易地被定制，也可以添加新的流程。BI平台包含组件和报表，用以分析这些流程的性能。目前，Pentaho的主要组成元素包括报表生成、分析、数据挖掘和工作流管理等等。这些组件通过J2EE、WebService、SOAP、HTTP、Java、JavaScript、Portals等技术集成到Pentaho平台中。

目前最流行并有可能为下一代大数据处理确定标准的软件系统是Hadoop。一般认为最好的大数据分析系统应具有磁性、灵活性和深刻性三大特征。磁性指该系统能抓取所有数据，不论其结构和质量如何；灵活性指系统具有适应性和对不同数据的应变性；深刻性指该系统能支持传统的商业情报、机器学习和复杂的统计分析。

Hadoop同时具有上述三大特征：

(1) Hadoop是具有磁性的，因为在Hadoop中获取数据的唯一步骤是将文件复制到Hadoop的分布式文件系统中。

(2) Hadoop是灵活的，因为它使用了一个所谓的"MapReduce"的方法。"map"将计算任务分成小型的和并行的任务并分配适当的<key，value>结构予大数据，而"reduce"则通过组合共享同一个key的所有值而获得所有的大数据。

(3) Hadoop是深刻的，因为用Hadoop及第三方扩展的Hadoop，用户可以使用Java、Python、R和SQL等通用编程语言进行计算。因此，Hadoop可帮助企业、商业分析师、数据科学家和开发者找到更多的相关性和关系，并从他们现有的大数据集获得更多的远见。

二、大数据分析工具发展趋势

增强分析是大数据分析工具的未来发力点。随着企业需要消化的多来源、不断变化的数据越来越多，为降低技术人员的工作压力，提高大数据分析效率，增强分析技术应运而生。增强分析通过人工智能、机器学习等信息技术在传统分析功能中加入更多增强功能，使得不论是个人用户还是企业数据分析专家，都能够自动化地、以更低门槛分析、挖掘、测试、验证、展现大数据价值，增强人类评估数据的能力。在准备数据阶段，增强分析可以推荐最适合的业务数据源;在业务发现阶段,增强分析可以帮助实现自动建模、模型管理、代码生成等高阶功能;在分享阶段,可以通过增强分析自动发现一些业务。

随着数据价值的提升与数据量的增长,不仅数据科学家和数据分析师,大量营销和其他非技术人员也需要洞察数据,从数据中寻求最优价值的实现方式。目前处于国内外商业智能趋势风口的诸如自然语言搜索、语音生成、自动生成等增强分析功能,将赋能传统大数据分析工具,成为未来供应商竞争差异化的关键核心和投资方向。

大数据分析工具融合增强系统,将提高企业数据服务化能力。企业 IT 建设过程逐渐由信息化、数字化过渡到如今倡导的数智化。数据分析应该服务于人类的需要。大数据分析工具在未来应具备较强的数据服务能力,帮助企业将业务端的需求通过大量数据与智能手段自动地解决。大数据分析工具应该向与业务深度绑定的方向发展。国内大数据分析工具起步晚,传统明确切割的产品交付是否能满足客户需求,工具服务能力的提升或许是一大关键要素。国内相关工具在针对本土化数据对接、定制化系统集成、嵌入式分析方式等方面优势显著,注重信息系统和大数据分析工具的融合成为企业成功的契机,这也是国内大数据分析工具蓬勃生长的好机会。

大数据分析工具服务云化在未来也将快速发展。传统大数据分析工具出于数据量、安全性等因素考虑,以本地部署为主,这不利于数据的流通与共享,大数据分析工具云化有助于众多中小企业对工具进行快速构建,降低使用成本。随着越来越多企业的数据和系统上云,分析工具云化对于高效分析、挖掘、展示数据价值的重要性不言而喻。

当前,我国大数据分析工具发展已取得初步成就,一大批大数据分析工具提供商如雨后春笋般不断涌现,成为金融、教育等行业选择数据分析工具时的重要关注对象。

第四节　大数据可视化技术与工具

人类对信息的吸收能力非常有限，从外界获得的信息约有80%以上来自于视觉系统。当数据通过可视化工具以直观的图表形式展示，人们往往能一眼识别出图形特征并转化为有特殊含义的信息。大数据可视化工具为人类利用大数据提供了极大便利。

数据可视化的展示方式有很多种，可以分为静态展示和动态（交互）展示，静态展示可以将统计出来的离线数据绘制成图表、词云、模型等，以图片或网页形式出现；动态展示是以一定的时间间隔收集数据，再将最新收集的数据清洗整理过后汇入总数据，从而实现实时更新的效果，因动态展示数据庞大，通常会将展示重点以不同图表分类，可通过交互操作观察实时变化的结果。

数据可视化的展示通常会使用一些工具进行辅助绘制，根据需要展示的数据和展示结果的不同选取不同的数据可视化工具。对于目前大部分数据可视化工具，免费的开源产品一般使用起来没有限制，但应用门槛高，学习成本高，适合有一定计算机基础的专业人员使用；免费的商业化产品一般是数据可视化厂商提供的免费版本，在功能和应用上会有一定的限制性，适合于数据量不大、进行简单分析的普通科研人员；而收费的商业化产品往往是需要资金支持的，具有一定的规模，其优点在于部署和应用简便、服务有保障，适于大规模的应用和部署。

就数据可视化工具的用途来说，数据可视化与传统的数据分析不同，传统的数据分析往往是分析出结果后，通过可视化的效果展现出来；而数据可视化是在展现的过程中分析数据，洞察数据的内在价值。可通过可视化工具来发现数据的内在价值联系，同时其也能满足高层领导的决策需要以及科研人员的分析需要。

一、大数据可视化技术

前端界面中几种常见的大数据可视化技术，例如 Highcharts、Echarts、Charts、D3，使用 Java Script 结合 HTML5 中的 Canvas 和 SVG 实现，能在 pc 和移动设备上运行且支持大多数主流浏览器，兼容性很好。

1. Highchart

开源但不完全免费的软件，非商业用途可免费使用，商业用途需授权，支付相关费用获得技术支持、图表定制服务以及 VIP 专属服务。Highcharts 主要优势在于：

(1) 兼容性高，可以在所有的移动设备及电脑上的浏览器(IE6 以上)中使用。

(2) 配置语法简单，所有配置都是 JSON 对象，易于读写和解析。

(3) 支持用户一键导出以及直接打印图表。

(4) 支持多坐标轴，同时对比多个数据。

2. Echarts

Echarts 是一种基于 Web 应用的可视化软件，可以在其网站上通过修改各类数据，直接得到自身研究所需要的各类分析图形，也是一种比较适于科学研究中随时使用的可视化分析工具。Echarts 提供商业产品常用图表，底层基于 Zrender，创建了坐标系、图例、提示、工具箱等基础组件，并在其上构建出折线图、柱状图、散点图、K 线图、饼图、雷达图、地图、和弦图、力导向布局图、仪表盘以及漏斗图，同时支持任意维度的堆积和多图表混合展现。Echarts 提供的图表(共 11 类 17 种)支持任意混搭。

混搭情况下，一个标准图表包含唯一图例、工具箱、数据区域缩放、值域漫游模块、一个直角坐标系(可包含一条或多条类目轴线，一条或多条值轴线，最多上下左右 4 条)。Echarts 实际上是个纯 Java Script 图表库，可以提供直观、生动、可交互、可个性化定制的数据可视化图表。创新的拖拽重计算、数据视图、值域漫游等特性增强了用户体验和可操作性，赋予了用户对数据进行挖掘、整合的能力。在其免费的网站上，直接通过更改数据内容、选择图标类型，即可实现可视化图形的分析和展示，十分适合科研人员在科研工作中实时应用。

3. Chart

由社区共同维护的开源项目，包含 8 种可视化展现形式，每种方式都具有动态效果并且可定制，支持所 IE9 以上浏览器。Chart.js 2.0 版本的新增特点包括：

(1) 可以混合不同图表，以便在数据集之间实现清晰的视觉区分。

(2) 新增图表轴类型，轻松绘制各种复杂的图形。

(3) 改变数据、更新颜色和添加数据时，均有开箱即用动画效果。

4. D3

动态的、交互式的、开源的在线数据可视化框架，无须任何插件就能运行，可以与现有的 Web 技术无缝协作，可以操作文档对象模型的任何部分。D3.js 的主要特点包括：

(1) 非常灵活简便，易于使用。

(2) 支持大量数据。

(3) 声明式编程以及代码的可重用性，简化了编写难度，提高了效率。除了以上的前端技术，还有基于 Java 开发的图形技术，有更高的灵活多变性。

5. Processing

Processing 是基于 Java 开发的图形技术、一门开源编程语言，也是一个开发环境，同时支持 Linux、Windows 以及 MacOSX 三大平台，并且支持将图像导出成各种格式。Processing 编程语言类似于 Java 和 C，有编程基础用户上手容易，语法简单，大幅度降低学习门槛，非程序员学习也不困难。目前为止，Processing 已经十分成熟，不仅支持 Android 应用的开发，也针对 Web 方面提供了单独的开发工具。Processing 关于生成和编辑图像的功能十分强大，包括矢量图与光栅图绘制、图像处理、色彩模式、鼠标和键盘时间、网络通信以及面向对象式编程、声音及三维文件的处理等，几乎可以绘制任何想要的图像。

二、大数据可视化工具

目前国内外数据可视化市场上已有不少成熟产品，厂商主要分为这几类：一类是提供商业可视化产品的软件服务商，国内有帆软、永洪科技、东软、四方伟业、SMARTBI 等，国外有 SAP BO、IBMCognos、Oracle BIEE、Microsoft BI 等传统商业智能软件服务商。第二类是新兴可视化产品提供商，国内有恒泰实达、数字冰雹、海致 BDP 等，国外有 Tableau、Qlik、Microstrategy 等。第三类是互联网巨头公司，如网易有数、百度图说、阿里云数加，其大数据平台可视化基本是自己设计开发，同时售卖各种数据产品。第四类是互联网大数据服务商，如百分点、海云数据、神策数据、友盟等。每款产品有其自身特点和应用场景，以下介绍几款有代表性的产品。

1. DataV

DataV 是阿里云的一款数据可视化产品，用来分析并展示庞大复杂的数据，分为基础、企业和专业版，可满足多种业务的展示需求。功能特点：

（1）提供多种模板。DataV 提供指挥中心、地理分析、实时监控、汇报展示等多种场景模版。

（2）支持多种数据类型。如 AnalyticDB、RDS MySQL、兼容 MySQL 数据库、CSV 文件、DataV 数据代理服务、API、静态 JSON。

（3）图形化界面。无须编程能力，拖拽使用，简单方便。

（4）多分辨率适配。DataV 特别针对拼接大屏端的展示做了分辨率优化，能够适配非常规的拼接分辨率。

企业版相比基础版，增加功能包括：

（1）支持大屏加密发布。

（2）支持更多数据源类型。

（3）支持的项目数量增多。

（4）支持本地部署。

（5）支持自定义组件。

2. RayData

RayData 是腾讯云大数据实时可视化交互系统，系统实现数据实时图形可视化并实时交互，使用户对数据的管理更加方便，应用场景丰富。产品处于内测阶段，可通过申请获取使用资格。功能特点：

（1）超高分辨率。采用独特的超高分辨率运算引擎，使图像不被压缩，结合其不同于传统可视化界面的表现形式，最终呈现具有视觉冲击和丰富细节的结果。

（2）内容模块个性化。灵活的程序架构，模块化管理，方便个性化新增业务，满足各种需求。

（3）端到端软硬一体机。RayData 提供端到端产品方案，包括从软件到大屏以及后端渲染服务器，只需用户提供数据源，无须二次开发。

（4）实时交互。根据接入的数据实时变化，且为双向互动，提高用户的参与度。此外，用户利用移动端能对大屏进行远程控制，控制模块根据需求自由定制。

3. Tableau

Tableau 是一款国外商业智能软件，对于数据管理和数据可视化都有很强大的功能，也是数据可视化产品市场的主导者之一。分为个人版和组织团队版，为付费产品，可免费试用。功能特点：

（1）快速分析。在数分钟内完成数据连接和可视化。Tableau 比现有其他解决方案快 10 到 100 倍。

（2）简单易用。直观明了拖放产品分析数据，无须编程即可深入分析。无论是电子表格、数据库还是 Hadoop 或云服务，任何数据都可以轻松探索。

（3）智能仪表板。集合多个数据视图，进行更丰富的深入分析。

（4）自动更新。通过实时连接获取最新数据，或者根据制定的日程表获取自动更新。

（5）瞬时共享。只需数次点击，即可发布仪表板，在网络和移动设备上实现实时共享。

4. Sugar

Sugar 是百度旗下的一款数据可视化产品，提供报表及数据大屏可视化服务，图表组件丰富，拖拽式编辑，支持下钻、联动等交互式数据分析。Sugar 为付费产品，提供 30 d 全功能免费试用。功能特点：

（1）支持页面自适应，适配各种界面。

（2）支持公开与加密发布，可以复制 URL 供他人浏览，也可以嵌入第三方系统。

（3）同时支持云端和私有部署。

（4）提供权限管理，用户授予不同权限，实行数据隔离，保证数据的安全性。

(5) 有数据过滤筛选功能，支持对图表和大屏无限层级的深度挖掘以及图表联动分析。

三、大数据可视化工具差异分析

数据可视化应用领域的广泛性及数据可视化的普遍性，使得可视化工具的侧重领域、操作特性、受众群体各不相同。在某个研究领域内，存在着表现形式的差异性。例如，在地理分析方面，地理信息可视化有地图(图形)、多媒体、虚拟现实等多种表现内容，有二维、三维、多维动态等多种空间维数可视化效果。解决实际问题时，往往需要针对具体问题进行具体分析并选择合适的可视化工具。针对同一个数据集可视化，也可能因为用户的差异而有多种选择。用户一般分为普通大众和专家学者。普通大众在进行可视化工作时更倾向于选择操作简易、入门门槛低的可视化工具，如一些由企业开发的商业工具、Tableau 等；而具有相关基础的专家学者或具备一定能力的用户通常选择一些开源的工具进行相关研究。

此外，根据使用语言的不同也可将大数据可视化工具大致分为四类：基于 Java 语言的最常用的有 Processing。基于 Python 语言的有 Matplotlib、NodeBox 等。R 语言本身可以就进行数据可视化，其相关的还有两个工具 plotly 和 ggpolt2，都很常用。由于目前大部分数据展示都基于网页，JavaScript 开发的工具便很有优势。基于 Javascript 语言的可视化工具有 Chart. js、Echart. js 和 D3. js 等。Echart. js 实际上是封装好的 JavaScript 的图表库，里面设有大量常用的数据图表模板，对于一般性数据展示可用性很强。Echart. js 的特点是使用 canvas 来绘制图形，图形一旦绘制成功后不能修改；相较 JavaScript 的另外一个工具 D3. js 来说，不支持 Dom 操作是 Echart. js 的一个短处，但 Echart. js 是新手友好型工具，上手很快，通过简单的步骤就能呈现不错的效果。

参考文献

[1] 王道平，陈华. 大数据导论[M]. 北京：北京大学出版社，2019.
[2] 周苏，王文. 大数据导论[M]. 北京：清华大学出版社，2016.

[3] 樊重俊,刘臣,霍良安.大数据分析与应用[M].北京:立信会计出版社,2016.

[4] 林正炎,张朋,梁克维,等.大数据教程:数据分析原理和方法[M].北京:科学出版社,2020.

[5] 葛东旭.数据挖掘原理与应用[M].北京:机械工业出版社,2020.

[6] Devenport T H, Harris J G. Competing on analytics: the new science of winning[M]. Boston: Harvard Business School Press, 2007: 131 - 132.

>>>>>>> 第七章

大数据应用

第一节 大数据在健康医疗领域的应用

健康医疗大数据是国家重要的基础性战略资源，挖掘和分析健康医疗大数据有助于培育新产业、新业态、新动能。2016年6月，国务院办公厅印发了《关于促进和规范健康医疗大数据应用发展的指导意见》，明确提出将健康医疗大数据纳入国家大数据战略布局。2017年，习近平总书记在中央政治局学习会议上强调，推进"互联网＋医疗"等服务，让百姓少跑腿、数据多跑路，提高公共服务质量，满足人民对美好生活的向往。大数据和健康医疗的联动正在快速改变健康医疗的发展和实践形式。

与统计学知识在解释实验结果和探索未知研究中发挥的作用一样，大数据可以协助医疗行业从业者了解和推进所在领域的研究，将各个层次的医疗信息和数据利用互联网以及大数据技术进行挖掘和分析，为医疗服务提升提供有价值的参考依据，使医疗行业运营更高效、服务更精准、医疗支出更合理。然而，基于各类研究中不同的目的、领域及其他因素，关于健康医疗大数据，从概念到应用仍存在争议，如国内的"医疗大数据"

“医学大数据”“健康大数据”“健康医疗大数据”和国外 big data，medical big data 和 healthy big data 概念上的争论。总体来看，将健康医疗大数据大致分为以下 4 类：医疗大数据、临床大数据、生物大数据和健康大数据。

一、医疗大数据及其应用

医疗大数据有多种来源，如医院应用的信息管理系统、制药企业研制药品过程中进行的试验的研究数据、医院人体生命特征监护设备、人体便携可穿戴健康设备、临床决策支持设备（如医疗诊断影像设备）、搜索引擎记录的网民因健康活动浏览的信息等。因此，医疗大数据除了具备维克托·迈尔-舍恩伯格提出的“4V”特点：volume（大量）、variety（多样）、velocity（高速）、value（价值）外，还具备多态性、时效性、不完整性、冗余性、隐私性等特点。

（1）多态性。医疗数据的表达格式包括文本型、数字型和图像型。医疗数据的表达很难标准化，对病例状态的描述具有主观性，没有统一的标准和要求，甚至对临床数据的解释都使用非结构化的语言。多态性是医学数据区别于其他领域数据的最根本和最显著的特性。这种特性也在一定程度上加大了医疗数据的分析难度和速度。

（2）不完整性。医疗数据的搜集和处理过程存在脱节，医疗数据库对疾病信息的反映有限。同时，人工记录的数据会存在数据的偏差与残缺，数据的表达、记录有主观上的不确定性。同一种疾病并不可能由医学数据全面反映出来，因此疾病的临床治疗方案并不能通过对数据的分析和挖掘而得出。另外，从长期来看，随着治疗手段和技术手段的发展，新类型的医疗数据被创造出来，数据挖掘对象的维度是在不停地增长的。

（3）时效性。病人的就诊、疾病的发病过程在时间上有一个进度，医学检测的波形信号（比如说心电、脑电）和图像信号（MRI、CT 等）属于时间函数，具有时效性。例如心电信号检测中，短时的心电无法检出某些阵发性信号，而只能通过长期监测的方式实现心脏状态的监测。

（4）冗余性。医疗数据中存在大量的被记录下来的相同或类似信息。比如常见疾病的描述信息、与病理特征无关的检查信息。

（5）隐私性。在对医疗数据进行数据挖掘的过程中，不可避免地会涉及患者的隐私信息，这些隐私信息的泄露会对患者的生活造成不良的影响。

特别是在移动健康和医疗服务的体系中，将医疗数据和移动健康监测甚至一些网络行为、社交信息整合到一起的时候，医疗数据的隐私泄露带来的危害将更加严重。

二、临床大数据及其应用

临床大数据主要包含各种医疗机构、药企等医疗行业场所涉及的病历信息、药物反应等相关数据。这些数据主要与患者临床就医、用药情况的真实记录有关，是精准医疗的重要基础。

1. 常规病历数据

常规病历数据主要依托医院、诊所日常临床诊治，包括门急诊记录、住院记录、影像记录和实验室记录等内容。其主要体现在电子病历的应用上，电子病历(electronic medical record，EMR)是病历的一种信息化记录形式，在当前医疗信息系统建设中迅速发展。

电子病历数据库以患者为中心，将患者医疗信息及其相关处理过程综合集成，促进了工作流程的优化、医疗质量的提高以及服务水平的提升。例如在临床实践中，疾病诊断很大程度上依赖医生的专业能力和经验知识，对于专业能力欠缺或者经验不足的医生来说，疾病诊断具有一定主观性，可能导致医疗供给侧紧张以及医患矛盾加剧等问题。电子病历蕴藏的大量知识，可为辅助诊断提供巨大潜力，电子病历分析将挖掘专家医生医疗知识，模拟医生诊断推理，得出较为可靠的诊断预测。电子病历还可以进行疾病预测与病情评估，基于患者人口统计学、症状、临床、检查等相关信息，对可能患有的疾病进行预测，对病情轻重缓急进行评估，可以为医务人员的相关诊断提供支持和参考，对于后续的治疗措施也具有重要的意义。电子病历甚至可以基于数据挖掘生成电子病历医患共创数据、个性化电子病历模板推荐以及结构化数据推理生成等重要部分，实现电子病历的智能化生成(如图 7-1)。

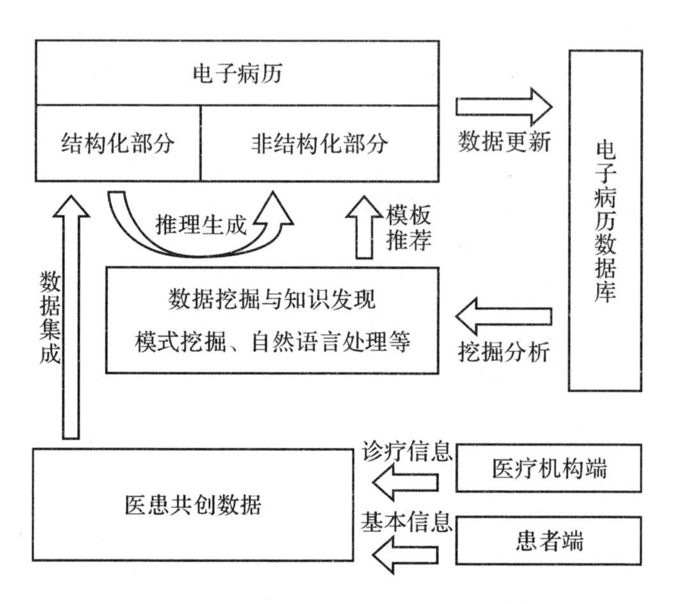

图 7-1　基于大数据的电子病历智能化生成框架

2. 药物管理数据

药物管理数据包括药物临床试验、医药研发与数据管理等。可利用药物管理数据对健康数据加工处理或者对不同患者的疾病、行为或者情绪进行个性化的分析，挖掘患者疾病的特点与其生活习惯之间的关系，并针对患者的疾病特点或症状（靶点）研制出不同的药品。

药物管理数据能够帮助医药研发机构或者公司缩短药物的上市时间，提高药物临床试验的成功率，获得市场准入，尽早将更具针对性、更高治疗成功率和更高潜在市场回报的药物推向市场。根据经验发现，使用大数据预测模型可以帮助医药企业把新药物从研发到推广市场的周期从大约13 年减少到 8～10 年。除此之外，还可以利用大数据技术实现药物疗效分析和药物副作用监测。通过搜集并分析服药人群健康体征、服药记录、临床疗效等数据，分析药物在投放市场后的治疗效果，发现药物安全信号，以此促进药物的改良，提升药效以及用药安全。

3. 患者症状和用药数据

通过对现有健康医疗大数据的有效利用，现在一些常见疾病完全可以由人工智能来进行诊断。对于某一疾病，可以大量录入它的发病症状、发病时期和发病的环境等数据，形成一个关于此疾病的完整数据库，后期通过编译程序来实现人工智能识别病情并诊治。例如，国内由国家卫生健康委统计信息中心和电子科技大学共同组建的医疗健康大数据研究院，利用大数据+深度学习技术实现了色素性皮肤病的计算机辅助诊断。利用训练后的神经网络，患者只需要通过智能手机对病患处进行拍照并上传至大数据分析平台，平台会自动对照片进行预处理增强，并利用图像特征提取技术对病患处的特征进行提取，依据这些特征，计算机就可以对疾病进行智能化的分类和初步诊断。

三、生物大数据及其应用

生物大数据是指从生物医学实验室等机构获得的人类相关基因组学、转录组学、实验胚胎学、代谢组学等组学信息数据库和通过各类设备获得的血压、血氧等监测体征数据。

1. 组学信息数据库

在传统的医学信息模式下，信息交流存在滞后性，医护工作者面临跟不上时代步伐的问题，组学信息数据库的强大查找和检索功能正好解决了这一矛盾。同时，由于数据库更新的同步性，在某种程度上促进了全球各地区医疗理念和方法的进步和统一。组学信息数据库实现了资源更加便捷地共享，极大地促进了医学的发展，例如英国生物样本库项目（UK Biobank），其拥有来自50万参与者的个人健康信息和与其相关的400多份同行评审出版物，远超一般组学研究规模，具有较好的外部有效性。该项目已经收集的全基因组基因型数据可供全体研究人员使用，这为发现新的遗传关联和复杂性状的遗传基础提供了许多机会。

2. 检测体征数据

不同于微观的基因及其他组学信息，体征数据主要来源于智能设备提供的个体动态生理指标数据，如血压、心率等。随着可穿戴的便携医疗设备和仪器的普及，人们可越发便捷地获得身体各参数信息，同时移动健康所具备的随时、随地性是优于医疗机构诊治的地方。

可穿戴的便携设备所能提供的数据和种类虽然不如专业的医疗设备更精确和齐全，但是能可靠地测得在医学上被称为“生命四大体征”的呼吸、体温、脉搏、血压数据。这四项体征是维持机体正常活动的支柱，缺一不可，不论哪项异常都会引发严重或致命的疾病，同时某些疾病也可导致这四大体征的变化或恶化，用户生命体征数据的采集对用户疾病预防及治疗跟踪具有重要的意义。穿戴式设备以及智能终端可以通过集成的生物传感器实现对生命体征参数的采集，对身体重要数据的实时监控，使得人们对于自身健康有了更进一步了解，有助于促进身体健康和自我控制。

四、健康大数据及其应用

健康大数据主要注重“健康”与“管理”，主要包括日常生活相关的健康行为和医疗活动等内容的健康管理数据。

1. 健康监测管理数据

健康监测管理方面的重要基础数据源自居民电子健康档案，运用大数据技术进行分析处理，可以为居民提供个体化的健康管理服务，改变传统的营养学和健康学的模式，从环境、营养、社会、心理、运动等不同的方面对不同的居民进行高效的健康服务和管理，有效地帮助和指导社会公众保持身心健康。此外，健康监测管理数据还可以整合分析患者的健康信息，并且通过分析后的数据为患者进行远程诊断和治疗提供更好的数据证据，减轻患者的心理压力。因此，通过大数据技术对居民健康大数据进行分析，能够实现对居民的身心健康的智能化监测，分析影响居民身心健康的因素，进一步帮助居民提高健康管理水平。

健康监测管理数据在面对传染性疾病和重大疫情时能够有效提高公共卫生部门的应急管理能力。医疗卫生部门可以建立覆盖所辖区域的卫生管理信息平台，收集信息并建立居民的健康信息数据库，利用大数据技术对公共卫生数据进行实时监测和分析，快速检测传染病，对疫情进行全面监测，并通过监测疫情进行预警和处置，这将大大减少医疗支出、降低传染病等疫情的感染率。

2. 医疗机构管理数据

医疗机构管理数据主要以个人医疗数据为基础，主体涉及医疗机构自身行为，如医疗保险审查和经济成本核算等管理运营方面。

在医疗保险领域，健康医疗大数据的重要应用之一就是实现索赔请求的智能化快速审核，防范医保欺诈。大数据分析可以帮助医保机构找出一些典型的理赔费用风险问题，例如分解住院、不合理医疗检查项目或者不合理高值医用耗材、诊断和处方药品指征不匹配、药品剂量超标等，通过大数据分析和机器审核，快速筛选出存在欺诈风险的索赔请求，有效降低欺诈成功率。

在经济成本管理方面，大数据可以有效控制成本。精准医疗以健康大数据作为有效支撑，在健康大数据研究的基础上，通过对疾病的精准分类、预防、诊断，为社会公众定制个性化、精准化的疾病防治方案。引入健康医疗大数据的精准医疗可以避免不必要的治疗引起的资源和资金浪费。

第二节　大数据在公共管理领域的应用

公共资源的配置应具有科学性，避免资源浪费。基于大数据的公共管理是时代发展的必然选择。不同于数字，数据的范围很广，只要是对客观事物的记录下来的可以鉴别的符号都可以称为数据。信息时代要求我们能够对多种类型的非结构化数据进行处理分析。以云计算为基础的大数据应用使得微观、精细化管理成为现实。从当前公共事务管理的整体运行情况来看，各级政府都普遍给予其高度重视。

一、公共管理的大数据来源

近年来，我国鼓励在公共管理中运用大数据，大力推动公共管理理念和治理模式的进步，不断提高公共管理能力。其数据来源主要包括以下 4 个方面：

1. 互联网数据

互联网的大数据主要分布在多个储存系统，例如 Oracle、SQL Server 数据库，Hadoop 系统等。值得注意的是这些系统里的数据并不是全部都能用于公共管理，需要进行筛选甄别对公共管理事业发展具有意义的互联网数据。

2. 公权力运行过程数据

社会过程论认为政治过程包括政治系统从输入到输出的全部活动，而在这个过程中，由话语、音频、文件等组成的信息输入和输出作用重大。

3. 企业数据

在大数据来源中包括了企业时刻在产生的比较全面的微观数据。另外，为了保证自己的数据安全，许多企业会有自己的备份数据和保护数据的系统。这些数据对公共管理质量的提高都会产生作用。

4. 个人数据

一般来说，个人数据会涉及到个人隐私，例如电话号码，各种账号信息等，还有人们在日常生活中产生的数据，包括上网过程中产生的数据，这些都是公共管理数据的重要来源。

二、大数据应用对公共管理的作用

在公共管理领域，大数据正以快速发展的趋势进入政府部门公共管理的实践和应用过程中，充分整合原有数据、建立多方位的数据采集平台和快速高效的数据分析挖掘，对政府治理能力的提升以及公共管理的变革起到了重要作用(如图 7－2)。

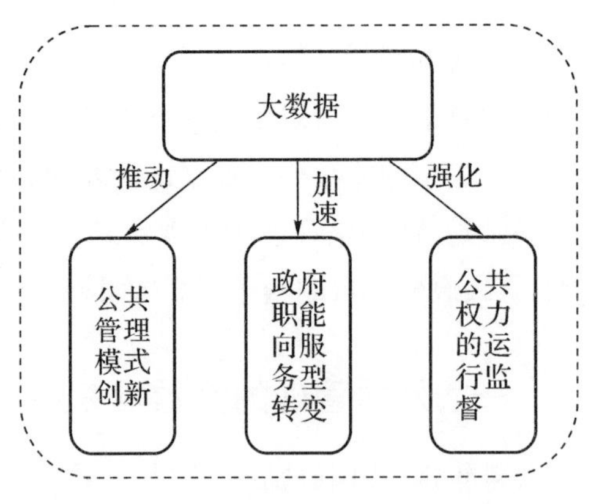

图 7－2　大数据在公共管理领域的应用

1. 大数据推动公共管理模式创新

大数据的应用加深了政府各部门之间的协作,利于简政。大数据驱动下网络状的联系结构和扁平化的社会结构要求公共部门之间能够充分而不重叠地利用资源,以公众需求为导向,提供无缝隙的公共服务。大数据在信息搜集和处理上的应用能够充分降低部门之间的协作成本,全流程的数据监控也可以减少不必要的审批环节,甚至使部门整合和整体政府的改革成为可能。

大数据的应用实现了政府、企业、社会公众合作共治的治理模式。市场对技术有着天然的敏感性,基于消费和需求,社会公众和企业在大数据粘合作用下越来越紧密,很多企业提供的服务已经开始涵盖公共服务的范畴,这使得政府在推动公共管理时将加强三方的合作与沟通。

2. 大数据加速政府职能向服务型转变

建设服务型政府,关键在坚持群众问题导向。大数据的应用打破了群众和政府之间的信息鸿沟,使沟通反馈更加精准,加速政府职能向服务型转型。一是基于大数据的海量性和真实性特征,政府一方能够实时感知和预测公众所需的各类公共服务。通过互联网传播的海量性信息,了解并解决好公众关注点。通过对公众需求的多维度多层次细分,把表面上的需求判断变成需求细节的感知,使政府服务更加精准,更加个性化,能够提高效率、效果和公民满意度。例如市民可以在交通大数据平台上提出自己的用车需求,大数据平台根据需求和客流情况设计路线,然后在定制好的路线上运营,在约定好的时间、地点和方向上开通相应班车,保证座位,出行成本远低于自驾出行。二是基于大数据高速度特征,有效提升应急管理能力和公众满意度。基于事实数据分析,政府不仅能第一时间处理公众事件和公众诉求,甚至可以把事后响应变成事中响应和事前预测,把公共服务提升至更高层次。

3. 大数据强化公共权力的运行监督

政府公开发布大量数据信息,相关内容可以随时在移动终端被获取,接受公众监督。公众也可以针对公共权力运行情况在相应渠道发表自己的观点,开展网络问政。而大数据平台在政府内部的运行,也极大的消除了政务信息孤岛，为财务、人事、审计监督工作提供了有效抓手。大数据的广泛应用将为中国的经济社会创新发展增加新的动能，促进公共管理与服务的变革。

三、大数据应用对公共管理的影响

大数据技术在综合处理数据方面具备更多办法和优势，社会治理将因此变得更加容易。随着互联网信息技术高速发展，大数据的应用可以为政府公共管理提供有价值的多样化和结构化数据，提高政府公共管理决策质量和效率。

1. 提升公共管理服务的质量和效率

现代化城市的建设与发展离不开先进技术手段的支持，大数据作为一种发展快速的技术形式，将其应用到公共管理领域为社会公共设施的建设提供了更多的技术保障，同时也为人们的生活提供了更多的便利。在大数据技术的支持下，相关人员能够及时检查和更新公共设施、设备的使用情况，使得公共领域的设备使用永远处于合格的状态。通过将大数据技术融入到公共服务管理当中，可以切实根据大数据的分析技术和信息整合能力，为人民群众提供有针对性的公共服务，并且也能有效评价公共服务的质量。

2. 实现公共管理的科学决策

公共管理的决策能力是其开展各类社会管理事物的核心要求，大数据时代数据资源处理的信息化能够最大限度地整合政治、经济、文化、社会、生态等各个领域的信息资源并为公共管理者提供全面准确科学的数据基础，为其制定各项公共管理制度或决策提供参考。将大数据应用到公共管理领域能够为社会公共管理提供重要数据信息的决策支持。

3. 提升公共安全的应急处理能力

在公共安全方面，政府通过使用大数据，能够针对紧急情况做及时处理。在一定程度上，大数据增强了公共资源应急能力和防范能力。大数据时代中，政府通过各种不同平台来对外界有效信息进行采集，进而对外界情况做好全面把控，一旦预测出可能会发生危险情况，就可以提前对其进行转化和管理，由此制定出应对措施。针对环境中的突发情况，也可以应用大数据做提前预警，给予人们更多时间来制定防范措施，尽可能减少各种损失。

第三节　大数据在其他领域的应用

一、大数据与电子商务

部分应用如下：

1. 个性化

大数据分析在电子商务公司中的第一个应用就是提供个性化服务或定制产品。实时数据分析使公司能够向客户提供包括特殊内容和促销的个性化服务。此外，这些个性化服务可帮助公司将忠实客户与新客户区分开，并相应地提供促销优惠。

2. 客户服务

电子商务公司可以使用大数据分析的另一个关键领域是客户服务。客户可以通过电子商务平台中商家的聊天助手、商品或服务评价等方式传达商品需求或投诉，电子商务公司可以使客户在购买商品或是享受服务时感到被重视，从而为客户提供高质高效的线上购买服务。

3. 动态定价

在激烈的市场竞争环境中，为了吸引新客户、留住老客户，电子商务公司必须在对外保持积极活跃并充满活力的形象的同时为产品设定有竞争力的价格。为了向客户提供有竞争力的价格，各大电商平台都会通过考虑竞争对手的价格，产品销售，客户的行为以及任何区域或地理偏好来处理大数据，通过使用这些大数据信息可使电子商务公司建立动态定价。

4. 供应链可见性

当前国内各大电商平台都实现了物流的实时跟踪，客户从下单到收到货物的过程中,能够实时查看订单当前的状态以及物流信息。大数据分析通过从多方收集有关多个产品的物流信息来发挥关键作用,随后精确地向客户建议了预计的交付日期,使得产品整个供应过程清晰可见,在一定程度上缓和了客户线上购物的距离感。

5. 供应链成本控制

大数据技术通过汇集电子商务企业相关数据得到价值信息,加强企业供应链的成本控制,采用智能化、数字化的分析方法提升电子商务企业的核心竞争力。可以从内外部供应链两方面对电子商务企业成本控制存在的问题进行分析,构建基于大数据的电子商务企业供应链成本控制模式,确定基于大数据的电子商务企业供应链成本控制的程序和相关措施,以促进电子商务企业运营以及管理水平的有效提升。

6. 预测分析

预测分析是通过使用大数据分析在事件发生之前对其进行识别。预测分析的应用取决于强大的数据挖掘技术,但前提是电子商务公司需要收集越来越多的有关客户偏好的信息。将客户偏好信息与数据挖掘技术相结合,对数据进行实验和分析,确定吸引客户兴趣的方式,有助于电子商务企业制订营销干预措施。

7. 行业监管

大数据将重新定义政府、企业以及个人管理决策的思维与方式,对政府高效的行业监管具有重要价值。第一,政府部门能够依托其行政手段和权力获得企业行为信息、公民行为信息等多种大数据来源。第二,通过与企业合作等方式开展大数据项目,把大数据应用于各方面政府管理当中,提高其科学管理水平及降低管理成本。此外,还可以通过公开大数据集促进全社会的大数据应用水平,促进透明化、公开化和社会化的管理。在电子商务行业中,几乎一切的主体行为都以数据的形式表示,可以从数据、技术以及应用三个层面构建基于大数据的电子商务行业监管体系,全面监管各个主体的行为。

二、大数据与金融

部分应用如下：

1. 金融产品分析

大数据分析主要是使用相关算法，按照投资者所感兴趣的指标挖掘出符合投资者需求的金融产品，建立相关规则，从中寻找符合要求的金融产品进行投资。并且通过研究市场行为来判断市场运行趋势，通过跟随市场运行趋势的周期性变化来进行基金股票证券及其他金融衍生品交易的决策。

2. 投资情绪分析

金融机构利用大数据技术为投资者制作相应产品，做好精准营销。利用大数据技术根据数据分析情况判断客户的不同习惯偏好，从而更加精确地找到客群，尽量减少传统营销模式中出现的客群分析不清、客户群体不明确等问题。用大数据技术可以及时对客户个人爱好进行分析，进而为客户量身打造相应的产品，提高客户满意度。

3. 客户信息管理

客户画像通常指银行利用客户留存的信息，运用大数据分析技术精准、快速分析客户行为习惯、消费习惯、偿债能力、信誉状况等情况。根据画像，银行可以清晰了解客户的购买能力和购买习惯，进而评判客户信贷能力、投资意愿以及风险承受能力等，从而设计出企业和个人愿意接受的投资产品。

4. 开发以数据为基础的服务平台

金融服务平台可以通过大数据来连结不同行业，形成完整的产业闭环，推出丰富多样的金融产品，全方位满足客户的需求。传统金融机构应充分运用大数据的优势，开设移动金融服务模式，让服务方式升级。例如金融机构可以推出 APP 应用软件，对客户提供更为多样的金融服务。

5. 建立以数据为依据的信用体系

用户在网上的消费行为会产生消费记录的信息，大数据技术可通过追溯历史消费信息来评估消费者的还款能力和信用水平。大数据的信用体系能够更加充分地记录用户信用历史，更加全面地评价用户信用能力，进而帮助金融机构更加准确地对用户做出信用评估。

6. 构建以数据为核心的监管体系

在大数据技术背景下，许多传统金融业务逐步向线上转移。金融创新日新月异，使得监管难度越来越大，传统监管体系难以适用于新型金融业务。因此构建以大数据为核心的监管体系势在必行。首先，应建立金融机构日常监管系统，根据金融机构每日反馈的运营数据，监管系统判断金融机构在经营过程中是否存在风险。还应建立金融风险预警系统，通过大数据搜集各种宏观经济指标，预警系统综合预测经济发展可能出现的风险，并给出相应建议。

参考文献

[1] 戴明锋，孟群. 医疗健康大数据挖掘和分析面临的机遇与挑战[J]. 中国卫生信息管理杂志，2017，14(2)：126－130.

[2] 国务院办公厅关于促进和规范健康医疗大数据应用发展的指导意见[J]. 宁夏回族自治区人民政府公报，2016(16)：12－15.

[3] 王政，王萍，曹洋. 新时代"互联网＋医疗健康管理"互联网医院建设及发展探讨[J]. 中国医院管理，2020，40(11)：90－92.

[4] 王才有，汤学军，董方杰，等. 全国三级医院信息化情况调查研究[J]. 中国卫生信息管理杂志，2016，13(4)：342－347.

[5] 宋扬，贾王平，韩珂，等. 健康医疗大数据的应用及其挑战[J]. 中国慢性病预防与控制，2021，29(3)：220－223.

[6] 徐志祥，王莹. 我国医疗行业大数据应用现状及政策建议[J]. 中国卫生信息管理杂志，2017，14(6)：822－825.

[7] 颜延，秦兴彬，樊建平，等. 医疗健康大数据研究综述[J]. 科研信息化技术与应用，2014，5(6)：3－16.

[8] 陈功，范晓薇，蒋萌，等. 数据挖掘与医学数据资源开发利用[J]. 北京生物医学工程，2010，29(3)：323－328.

[9] APorta，LFaes，MMasé，et al. Anintegrated approach based on uniform quantization fortheevaluation of complexity of short－term heart period variability：Application to 24 h Holter recordings in healthy and heart failure humans. [J]. Chaos，2007，17(1)：220－223.

[10] 胡新平.医疗数据挖掘中的隐私保护[J].医学信息学杂志,2009,30(8):1-4.
[11] 徐良辰,郭崇慧.智慧医院建设背景下的电子病历分析利用框架[J].大数据,2021,7(4):141-156.
[12] 牟忠林,王雅洁,陈娟,等.健康大数据在医疗卫生领域中的应用及挑战[J].海南医学,2017,28(2):173-176.
[13] 孟群,毕丹,张一鸣,等.健康医疗大数据的发展现状与应用模式研究[J].中国卫生信息管理杂志,2016,13(6):547-552.
[14] 邓悟,邓波,廖灯彬,等.医学数据库应用的实践前景[J].华西医学,2009,24(3):737-738.
[15] 夏婉筠.试析大数据时代公共管理创新模式[J].财经界,2021(01):54-55.
[16] 郭朝霞.大数据分析在公共事务管理中的应用及挑战[J].现代信息科技,2020,4(10):127-128,131.
[17] 郭昱江.大数据与公共管理变革研究[J].全国流通经济,2020(14):39-40.
[18] 马皎.大数据时代下的公共管理创新探讨[J].中外企业家,2020(8):113.
[19] 王玉.大数据时代下的公共管理创新分析[J].中阿科技论坛(中英阿文),2020(2):15-17.
[20] 姚晓玲.大数据时代公共管理的改革和创新[J].知识经济,2020(6):20-21.
[21] 李锐.大数据时代背景下的公共管理创新研究[J].智库时代,2020(16):1-4.
[22] 牛国兰.大数据与政府公共管理决策的探析[J].现代营销(创富信息版),2018(12):117.
[23] 高宇.关于大数据与政府公共管理决策的探析[J].现代经济信息,2018(14):96.
[24] 卓逸诚.大数据技术在公共管理领域的应用与思考[J].电脑知识与技术,2017,13(33):7-8.
[25] 詹宏惟,肖轶,李岩.公共管理变革与大数据应用的思考[J].辽宁科技学院学报,2016,18(6):31-32.
[26] 江义火,袁晓建.大数据促进电子商务发展探究[J].电子商务,2019(12):8-11.
[27] 李新朋.电子商务中的大数据分析综述[J].电子商务,2020(11):45-46.
[28] 许雅玺.基于大数据的电子商务企业供应链成本控制[J].会计之友,2019(8):130-134.
[29] 黄家良,谷斌.基于大数据的电子商务行业监管体系[J].中国科技论坛,2016(5):46-51.
[30] 陈梦媛.大数据分析在金融投资中的应用及问题分析[J].财富时代,2020(12):32-33.

[31] 郭章.大数据分析在证券投资中的应用及问题分析[J].环渤海经济瞭望,2021(1):166-167.
[32] 栗锲.大数据技术在金融行业的应用及未来展望[J].财富时代,2020(11):18-19.
[33] 于明兰,张立恒,邓世鑫.大数据推动金融创新发展[J].互联网经济,2020(11):23-25.
[34] 李燕治.适用于互联网金融的大数据信用体系研究与应用[J].中小企业管理与科技(中旬刊),2020(10):148-149.

›››››› 第八章 大数据安全与未来

第一节 大数据隐私与安全

大数据安全风险伴随着大数据而生。随着互联网、大数据应用的爆发,数据丢失和个人信息泄露事件频发,地下数据交易造成数据滥用和网络诈骗,并引发恶性社会事件,甚至危害国家安全。因此,数据隐私与安全保护成为目前极其重要和紧迫的任务。

一、数据隐私与安全保护现状

在大数据时代背景下,一切都可以数据化,平常上网浏览的数据,医疗、交通、购物等数据统统被记录下来,这就是大数据的起源。此时,每个人都成了一个数据产生者和数据贡献者。大数据的神奇之处就在于,通过对大数据的分析,其他人甚至能够在很大程度上精准地知道你是谁。

人的行为看似随机无序,但实际上存在某种规律。社交网络如此发达的今天,大数据把人的行为进行放大分析,从而能够相对准确地预测人的性格和行为。因此,不排除有这样一种可能:在忙完了一天的工作之后,你还没有决定要去哪儿,数据心中却先于你预测了接下来的目的地。

当今，社会信息化和网络化的发展导致数据爆炸式增长。数据的价值越来越重要，大数据隐私与安全也引起了社会广泛重视。网络和信息化生活也使得犯罪分子更容易获取他人的信息，更多的骗术和犯罪手段层出不穷。即使无害的数据，被大量收集后，也会暴露个人隐私。事实上，大数据安全含义更为广泛，人们面临的威胁并不仅限于个人隐私的泄露。与其他信息一样，大数据在产生、获取、传输及存储等过程中面临着诸多安全风险，具有强烈的数据安全与隐私保护的需求。而实现大数据安全与隐私保护，较以往安全问题（如云计算中的数据安全）更为棘手。这是因为在云计算中，虽然很多服务提供商控制了数据的存储与运行环境，但是用户仍然有办法保护自己的数据，例如通过密码学的技术手段实现数据安全存储和安全计算，或者通过可信计算方式实现运行环境的安全等。而在大数据的背景下，Facebook、淘宝、腾讯等商家既是数据的生产者，又是数据的存储者、管理者和使用者。因此，单纯通过技术手段限制商家对用户信息的使用，实现用户隐私保护是极其困难的。

二、大数据时代的安全挑战

"棱镜门"事件的爆发引起了人们对个人隐私的高度关注。一方面，通过对大量用户数据进行分析，公司、企业、政府都可以更好地了解用户行为、消费习惯等，从而可以提供更好的服务。但另一方面，这又不可避免地对用户的隐私构成威胁和挑战。很多人已经意识到，在数据的应用方面，相关法律法规的制定变得越来越重要。作为用户，需要明确界定自己在数据的使用方面具有何种权利和义务；作为企业和政府，需要清楚定位，在多大程度上可以使用并且用何种方式来使用用户的数据。与传统的信息安全问题相比，大数据安全面临的挑战性问题主要体现在以下几个方面。

1. 大数据中的用户隐私保护

大量事实表明，大数据未被妥善处理会对用户的隐私造成极大的侵害。依据需要保护内容的不同，隐私保护又可以进一步细分为位置隐私保护、标识符匿名保护、连接关系匿名保护等。

目前用户数据的收集、存储、管理与使用等均缺乏规范，更缺乏监管，主要依靠企业的自律。用户无法确定自己隐私信息的用途。而在商业化环境中，用户应有权决定自己的信息如何被利用，实现用户可控的隐私保护。例如，用户可以决定自己的信息何时、以何种形式披露，何时被销毁。包括数据采集时的隐私保护，如数据精度处理；数据共享、发布时的隐私保护，如数据的匿名处理、人工加扰等；数据分析时的隐私保护；数据生命周期的隐私保护；隐私数据可信销毁等。

2. 大数据的可信性

关于大数据的一个普遍的观点是：一切以数据说话，数据本身即事实。但实际情况是，如果不加以甄别，数据也会欺骗用户，就像我们有时候会被“眼见为实”所欺骗一样。

大数据可信性的威胁之一是伪造或刻意制造的数据，而错误的数据往往会导致错误的结论。如果数据应用场景明确，就可能有人刻意制造数据，营造某种假象，诱导分析者得出对其有利的结论。由于虚假信息往往隐藏于大量信息中，人们无法鉴别真伪，从而做出错误判断。例如，一些点评网站上的虚假评论混杂在真实评论中，使得人们无法分辨，可能误导用户选择某些劣质商品或服务。由于当前网络社区中虚假信息的产生和传播变得越来越容易，其所产生的影响不可低估。然而用信息安全技术手段鉴别所有来源信息的真实性是不可能的。

大数据可信性的威胁之二是数据在传播中逐步失真。一方面是由于人工干预的数据采集过程可能带来误差，失误导致数据失真与偏差，最终影响数据分析结果的准确性。此外，数据失真还有数据的版本变更的因素。在传播过程中，现实情况发生了变化，早期采集的数据已经不能反映真实情况。例如，企业或政府部门电话号码已经变更，但早期的信息已经被其他搜索引擎或应用收录，所以用户可能看到矛盾的信息而影响其判断。

因此，大数据的使用者应该有能力基于数据来源的真实性、数据传播途径、数据加工处理过程等了解各项数据可信度，防止分析得出无意义或者错误的结果。

3. 如何实现大数据访问控制

访问控制是实现数据受控共享的有效手段。由于大数据可能被用于多种不同的场景，其访问控制需求十分突出。

大数据访问控制的特点与难点一方面在于难以预设角色、实现角色划分。由于大数据应用范围广泛，它通常要为来自不同组织或部门、具有不同身份与目的的用户所访问，实施访问控制是基本需求。然而，在大数据的场景下，有大量的用户需要实施权限管理，且用户具体的权限要求未知。面对未知的大量数据和用户，预先设置角色十分困难。

另一方面在于难以预知每个角色的实际权限。由于大数据场景中包含海量数据，安全管理员可能缺乏足够的专业知识，无法准确地为用户指定其可以访问的数据范围。而且从效率角度来说，定义用户所有授权规划也不是理想的方式。以医疗领域应用为例，医生为了完成其工作可能需要访问大量信息，但对于数据能否访问应该由医生来决定，不应该需要管理员对每个医生做特别的配置。但同时又应该能够对医生访问行为进行检测与控制，限制医生对病患数据的过度访问。

此外，不同类型的大数据中可能存在多样化的访问控制需求。例如，在 Web 2.0 个人用户数据中，存在基于历史记录的访问控制需求；在地理地图数据中，存在基于尺度以及数据精度的访问控制需求；在流数据处理中，存在数据时间区间的访问控制需求等。如何统一地描述与表达访问控制需求也是一个挑战性问题。

第二节　大数据安全策略与技术

大数据的安全性直接关系到大数据业务能否全面推广，大数据安全防护的目标是保障大数据平台及数据的安全性，人们在积极应用大数据优势的基础上，应明确大数据环境所面临的安全威胁与挑战，从技术层面到管理层面应用多种策略加强安全防护能力，提升大数据安全性。

一、大数据安全策略

大数据的安全策略要围绕大数据生命周期变化来实施。在数据的采集、传输、存储及使用各个环节采取安全有效措施，提高大数据安全防护能力。大数据安全策略要覆盖大数据存储、应用和管理等多个环节的数据安全控制要求。

1. 大数据存储安全策略

目前大数据存储架构常采用虚拟化海量存储技术、NoSQL 技术和数据库集群技术等来存储大数据资源，主要涉及的安全问题包括数据传输安全、数据安全隔离和数据备份恢复等方面。大数据存储安全方面的策略主要包括以下 3 个方面：

(1) 通过加密手段保护数据安全，如采用 PGP(Pretty Good Privacy)、TrueCrypt 等程序对存储的数据进行加密，同时将加密数据和密钥分开存储和管理。

(2) 通过加密手段实现数据通信安全，如采用 SSL(Secure Sockets Layer，安全套接字层)协议实现数据结点和应用程序之间通信数据的安全性。

(3) 通过数据灾难备份机制，确保大数据的灾难恢复能力。

2. 大数据应用安全策略

大数据应用往往具有海量用户平台和跨平台特性，这在一定程度上会带来较大的风险。因此，在数据使用特别是大数据分析方面应加强授权控制。大数据应用方面的安全策略包括以下 3 个方面：

(1) 对大数据核心业务系统和数据进行集中管理，保持数据口径一致，通过严格的字段级授权访问控制和数据加密，实现在规定范围内对大数据资源进行快速、便捷、准确的综合查询与统计分析，防止超范围查询数据，扩大数据知悉范围。

(2) 针对部分敏感字段进行过滤处理，对敏感字段进行屏蔽，防止重要数据外泄。

(3) 通过统一身份认证与细粒度的权限控制技术，对用户进行严格的访问控制，有效保证大数据应用安全。

3. 大数据安全管理策略

大数据安全管理是实现大数据安全的核心工作，主要的安全管理策略包括以下 4 个方面：

(1) 加强大数据建立和使用的审批管理。通过大数据资源规划评审实现大数据平台建设由“面向过程”到“面向数据”转变，从数据层面建立较为完整的大数据模型，面向不同平台的业务特点、数据特点、网络特点，建立统一的元数据管理、主数据管理机制。在数据应用上，按照“一数一源，一源多用”的原则，实现大数据管理的集中化、标准化、安全化。

(2) 实现大数据的生命周期管理。根据数据的价值与应用的性质对数据进行划分，将数据分为在线数据、近线数据、历史数据、归档数据和销毁数据等，根据数据的价值分别制定相应的安全管理策略，有针对性地使用和保护不同级别的数据，并建立配套的管理制度，解决大数据管理策略单一带来的安全保护措施不匹配、性能瓶颈等问题。

(3) 建立集中日志分析和审计机制。收集汇总数据访问操作日志、基础数据库数据手工维护操作日志，实现对大数据使用安全记录的监控和查询统计，建立数据使用安全审计规则库。根据审计规划对选定范围的日志进行审计检查，记录审计结论，输出风险日志清单，生成审计报告，实现数据使用安全的自动审计和人工审计。

(4) 完善大数据的动态安全监控机制。对大数据平台的运行状态数据，如内存数据、进程等进行安全监控与检测，保证计算系统健康运行。从操作系统层次看，包括内存、磁盘、网络 I/O 数据的全面监控检测。从应用层次看，包括对进程、文件、网络连接的安全监控。建立有效的动态数据细粒度安全监控和分析机制，满足对大数据分布式可靠运行的实时监控需求。

大数据安全还是一个比较新的课题，还有很多领域需要进一步研究、探索和实践，但安全措施一定要与信息技术发展同步，才能保障信息系统高效、稳定运行，推动信息系统对数据进行科学、有效、安全的管理，提高信息管理能力，为后续建设提供良好的数据环境和有效的数据管理手段。

二、大数据安全关键技术

大数据安全已经成为信息领域的热点之一，目前大数据安全的关键技术包括以下几个方面：

1. 访问控制技术

大数据安全中的访问控制技术主要用于防止非授权访问和使用受保护的大数据资源。目前访问控制主要分为自主访问控制和强制访问控制两大类。自主访问控制是指用户拥有绝对的权限，能够生成访问对象，并能决定哪些用户可以使用访问。强制访问控制是指系统对用户生成的对象进行统一的强制性控制，并根据已制定的规则决定哪些用户可以使用访问。近几年比较常见的访问控制模型有基于对象的访问控制模型、基于任务的访问控制模型和基于角色的访问控制模型。

对于大数据平台，由于需要不断地接入新的用户终端、服务器、存储设备、网络设备和其他 IT 资源，当用户数量众多、处理数据量巨大时，用户权限的管理就会变得沉重、繁杂，导致用户权限难以得到正确维护，降低了大数据平台的安全性和可靠性。因此，需要对访问权限进行细粒度划分，构造用户权限和数据权限的复合组合控制方式，提高大数据中敏感数据的安全性。

2. 基于安全威胁的预测分析技术

对于大数据安全而言，提前预警安全威胁和恶意代码是重要的安全保护技术手段。安全威胁和恶意代码预警可以通过对一系列历史数据和当前实时数据的场景关联分析来实现。基于大数据安全威胁问题进行可行性预测分析，识别潜在的安全问题，可以更好地保护大数据。通过预测分析研究，结合机器学习，利用异常检测等新的方法技术，可以大幅提升大数据安全威胁的识别度，将更有效地解决大数据安全问题。

3. 大数据稽核和审计技术

对大数据系统间或服务间的隐秘存储通道进行稽核，对大数据平台发送和接收的信息进行审核，可以有效地发现大数据平台内部的信息安全问题，从而降低大数据的信息安全风险。比如，通过系统应用日志对已经发生的系统操作或应用操作的合法性进行审核，通过备份信息审核系统与应用配置信息对比审核，判断配置信息是否被改动，从而发现系统或应用异常安全威胁。

4. 大数据安全漏洞分析技术

大数据安全漏洞主要是指大数据平台和服务程序由于设计缺陷或人为因素留下的后门和问题，安全漏洞攻击者能够在未授权情况下利用该漏洞访问或破坏大数据平台及其数据。大数据安全漏洞分析可采用白盒测试、黑盒测试、灰盒测试及动态跟踪分析等方法。现阶段大多数大数据平台常采用开源程序框架和开源程序组件，在服务程序和组件的组合过程中，可能会遗留安全漏洞或致命性的安全弱点。开源软件安全加固可以依据开源软件中安全类别的不同，使用不同的安全加固体，修复开源软件中的安全漏洞和安全威胁点。动态污点分析方法能够自动检测覆盖攻击，不需要程序源代码和特殊的程序编译，在运行时执行程序二进制代码覆盖重写。

5. 大数据认证技术

大数据认证技术是利用大数据技术采集用户行为及设备行为的数据，并对这些数据进行分析，获得用户行为和设备行为的特征，进而通过鉴别操作者行为及其设备行为来确定操作者身份，实现认证，从而弥补了传统认证技术的缺陷。基于大数据的认证技术使得攻击者很难模仿用户的行为特征来通过认证，因此更加安全。此外，这种大数据认证方式也有利于降低用户负担，用户不需要再随身携带 USBKey 等认证设备进行认证，从而更好地支持系统认证机制。

第三节　大数据共享

大数据是继云计算、移动互联网之后，信息技术领域的又一大热门话题。根据预测，大数据将每年增加 40%，而大数据所带来的市场规模也将每年翻一番。有关大数据的话题也逐渐从讨论大数据相关的概念转移到研究从业务和应用出发如何让大数据真正实现其所蕴含的价值。大数据无疑给众多的 IT 企业带来了新的成长机会，同时也带来了前所未有的挑战。

目前，大数据被各大企业视为实现竞争力的有力武器，其原因是大数据能够运用数据挖掘技术，实现海量数据的综合分析处理，帮助企业更好地理解和满足客户需求和潜在需求，在业务运营智能监控、精细化企业运营、客户生命周期管理、精细化营销、经营分析和战略分析等方面更好地应用。企业实现大数据共享的前提是信息资源共享，但目前企业中普遍存在的现象是各类系统林立，不同的信息标准使企业陷入一个个信息孤岛，无法对海量数据进行综合利用，成为企业实现大数据共享的桎梏。因此，解决信息孤岛问题，实现数据共享成为企业实现大数据共享首先要解决的问题。

一、大数据共享面临的挑战

在数据开放共享过程中必须高度重视数据安全这一涉及国家利益的重大问题。由于各种国家信息基础设施和重要机构承载着庞大的数据信息，如由信息网络系统所控制的石油和天然气管道、水、电力、交通、银行、金融、商业和军事等，都有可能成为攻击目标。特别是我国各级政府部门掌握大量能源、金融、电信和交通数据资源。这些数据的开放、交易涉及个人隐私、商业秘密、公共安全乃至国家安全。

数据开放共享涉及若干重大问题，包括数据跨境流动和数据主权，数据开放安全风险、数据开放隐私保护，数据开放的体制机制保障要求、法律法规保障措施、资源配置模式、政策框架体系，以及在全球数据开放进程中我国数据开放战略的选择。

数据隐私与保护是数据开放共享的基本权利。数据立法安全为数据开放共享“保驾护航”。目前，我国大数据法治建设明显滞后，用于规范、界定“数据主权”的相关法律还有待进一步完善，有效的大数据思维和法律框架还有待进一步建设。一是对于政府、商业组织和社会机构的数据开放、信息公开的相关法律法规尚待进一步完善。缺乏企业和应用程序关于搜集、存储、分析、应用数据的相关法规。二是没有对保护本国数据、限制数据跨境流通等做出明确规定。在我国开展业务的金融、证券、保险等重要行业外国企业将大量敏感数据传输、存储至国外的数据中心，存在不可控风险。三是大数据技术应用与产业发展刚刚起步，与之相配套的法律法规还存在较大政策缺口。

数据立法与安全保障是数据开放共享的首要前提。数据分析、数据安全、数据质量管理等技术标准,数据处理平台、开放数据集、数据服务平台类新型产品和服务形态的标准较为缺乏,亟须研制。因此,尽快启动数据开放的相关立法、标准工作,建立公共基础数据资源的标准,完善数据资源采集、共享、利用和保密等相关制度,完善政务信息资源目录体系,扩大数据的采集和交换共享范围是最为紧迫的任务。

二、大数据共享的措施与机制

大数据越关联越有价值,越开放越有价值。尤其是公共事业和互联网企业的开放数据越来越多。我们看到,美国、法国等国家的政府都在政府和公共事业上的数据做出努力。而国内的一些城市和部门也在逐渐开展数据开放的工作。

(1) 建立信息资源共享平台。大数据的应用和发展,对政策、企业和个人都具有深远的影响。但是目前的数据大部分都掌握在政府、企业、高校和科研机构手中。若需要对某一问题进行研究,在数据处理过程中,信息问题趋向复杂化且数据类型多、数量庞大,结构化、半结构化数据混杂其中,靠单一机构或个人能力很难完成。在解决这类问题时就要求信息数据共享、工具技术整合和人员跨界合作。因此,大数据环境下开放信息资源共享平台的构建就显得非常重要。

(2) 建立“用数据说话、用数据决策、用数据管理、用数据创新”的管理机制,实现基于数据的科学决策,推动政府管理理念和社会治理模式进步。

完善组织实施机制。从国家战略角度出发,建立大数据发展和应用统筹协调机制,推动形成职责明晰、协同推进的工作格局。加强大数据重大问题研究,加快制定出台配套政策,强化国家数据资源统筹管理。加强大数据与物联网、智慧城市、云计算等相关政策、规划的协同。设立大数据专家咨询委员会,为大数据发展应用及相关工程实施提供决策咨询。联动各部门共同推进形成公共信息资源共享共用和大数据产业健康安全发展的良好格局。

(3) 加快法规制度建设。政府方面需要积极研究数据开放、保护等方面的制度,实现对数据资源采集、传输、存储、利用、开放的规范管理,促进数据在风险可控原则下最大程度开放。制定信息资源管理办法,建立数据资源统筹管理和共享复用制度。研究推动网上个人信息保护立法工作，界定个人信息采集应用的范围和方式，明确相关主体的权利、责任和义务，加强对数据滥用、侵犯个人隐私等行为的管理和惩戒。推动出台相关法律法规，加强对基础信息网络和关键行业领域重要信息系统的安全保护，保障网络数据安全。研究推动数据资源权益相关立法工作。

（4）建立标准规范体系。推进大数据产业标准体系建设，需要加快建立数据标准和统计标准体系，推进数据采集、政府数据开放、指标口径、分类目录、交换接口、访问接口、数据质量、数据交易、技术产品、安全保密等关键共性标准的制定和实施。加快建立大数据市场交易标准体系。开展标准验证和应用试点示范，建立标准符合性评估体系。

未来亟待进一步加强数据共享，加强顶层设计，依托于信息化共享平台，借助制度建设与规范，进一步加快数据共享体系的建设。同时明确监管的重点领域、数据内容和范围，制定重点领域数据安全管理制度，建立起国家、公民、社会数据安全保障体系。

参考文献

[1] 周苏，王文. 大数据导论[M]. 北京：清华大学出版社，2016.

[2] 宁兆龙. 大数据导论[M]. 北京：科学出版社，2017.

[3] 杨尊琦. 大数据导论[M]. 北京：机械工业出版社，2018.

[4] 周鸣争，陶皖. 大数据导论[M]. 北京：中国铁道出版社，2018.